高压用户用电安全
隐患排查与治理图册

国网重庆市电力公司营销部　组编

中国电力出版社

CHINA ELECTRIC POWER PRESS

图书在版编目（CIP）数据

高压用户用电安全隐患排查与治理图册 / 国网重庆
市电力公司营销部组编 . -- 北京：中国电力出版社，
2025. 2. -- ISBN 978-7-5198-9718-5

Ⅰ. TM92-64

中国国家版本馆 CIP 数据核字第 2025K9M275 号

出版发行：中国电力出版社
地　　址：北京市东城区北京站西街 19 号（邮政编码 100005）
网　　址：http://www.cepp.sgcc.com.cn
责任编辑：王杏芸（010-63412394）
责任校对：黄　蓓　常燕昆
装帧设计：赵姗姗
责任印制：杨晓东

印　　刷：三河市航远印刷有限公司
版　　次：2025 年 2 月第一版
印　　次：2025 年 2 月北京第一次印刷
开　　本：889 毫米 ×1194 毫米　24 开本
印　　张：10
字　　数：229 千字
定　　价：68.00 元

前　言

　　党的十八大以来，习近平总书记多次就能源安全发表重要讲话，作出一系列重要指示，深刻指出能源安全是关系国家经济社会发展的全局性、战略性问题，强调能源保障和安全事关国计民生，是须臾不可忽视的"国之大者"。电力作为使用最广泛的能源之一，是现代社会运行的基础，其安全稳定直接关系经济社会健康发展。高压用户既是电力系统的重要组成部分，也是经济社会的重要角色，保障其用电安全显得尤为重要。加强高压用户的用电安全管理，提升供电企业用户安全用电服务水平和一线员工用电安全隐患辨识能力，具有重要的现实意义。

　　针对当前高压客户用电安全服务实施过程中遇到的实际问题，配套支撑新颁布的国家标准GB/T 43456—2023《用电检查规范》，国网重庆市电力公司营销部组织撰写了本书，本书包括35kV及以上电力用户现场、10kV电力用户现场、设计、试验、消防、二次等 6 部分内容。通过对 35kV 及以上电力用户输变电设备、10kV 电力用户配电设备进行现场场景讲解，对比分类解析电力用户日常运行维护中存在的安全隐患，并依照国家及行业标准要求，逐一提出了建议治理方案。

本书紧密结合现场工作实际，以真实缺陷与标准图片直观对比为主，辅以针对性整改措施建议，以使读者对高压用户用电安全隐患排查与治理工作有一个全面、直观的理解，具备很强的实用性和可操作性。可作为供电企业一线用电安全服务人员、大客户经理技能培训学习资料，也可作为供电企业其他营销人员、用电企业电气设备管理人员、专业维保单位运维人员日常工作参考工具用书。

希望本书的出版能对我国的用电安全有所裨益。限于编者水平，书中难免有不足之处，望广大读者批评指正。

编者

目录

CONTENTS

第 3 章　设计部分 157

第 4 章　试验部分 169

第 5 章　消防部分　　　203

第 1 章

35kV 及以上电力用户现场

电力用户供配电设施全景图

❶ ▶ 输电设备　　❷ ▶ 110kV 变电站

❸ ▶ 10kV 开关室　❹ ▶ 主控制室

铁塔分解图

① ▶ 铁塔本体、主材及基础　② ▶ 架空导线　③ ▶ 绝缘子

④ ▶ 金具　⑤ ▶ 引流线　⑥ ▶ 杆塔横担　⑦ ▶ 架空地线

变压器分解图

1 ▶ 主变压器本体　　**2** ▶ 10kV 过桥母线　　**3** ▶ 10kV 避雷器

4 ▶ 110kV 套管　　**5** ▶ 本体油枕　　**6** ▶ 有载调压分接开关

7 ▶ 有载调压分接开关油枕　　**8** ▶ 有载调压机构　　**9** ▶ 散热器

10 ▶ 瓦斯继电器　　**11** ▶ 铁芯及夹件　　**12** ▶ 呼吸器

断路器分解图

❶ ▸ 断路器支架及基础　　**❷** ▸ 断路器本体　　**❸** ▸ 断路器机构箱

❹ ▸ 套管　　**❺** ▸ 接线板及引线

隔离开关分解图

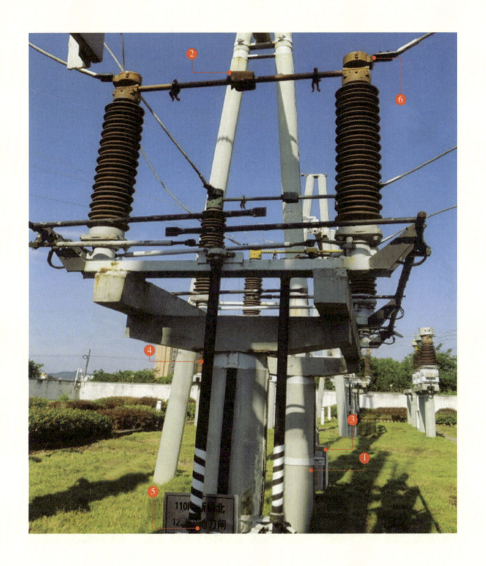

① ▶ 隔离开关构架及基础　　**②** ▶ 隔离开关本体　　**③** ▶ 隔离开关机构箱

④ ▶ 接地刀闸　　**⑤** ▶ 接地刀闸操作手柄　　**⑥** ▶ 接线板及引线

电压互感器分解图

1 ▶ 电压互感器构架及基础　　**2** ▶ 电压互感器本体　　**3** ▶ 绝缘子

4 ▶ 油位观察窗　　**5** ▶ 接线板及引线

电流互感器分解图

❶▸ 电流互感器构架及基础　　❷▸ 电流互感器本体　　❸▸ 绝缘子

❹▸ 油位观察窗　　❺▸ 二次接线盒　　❻▸ 接线板及引线

1.1	架空线路
1.1.1	杆塔基础

缺陷图片	标准图片

缺陷内容	（1）基面浸水； （2）基础周围保护土层塌陷。
参考依据	《架空输电线路运行规程》（DL/T 741—2019）第5.1.1条规定：基础表面水泥不应脱落，钢筋不应外露，装配式、插入式基础不应出现锈蚀，基础周围保护土层不应流失、塌陷；基础挡土墙或护坡不应出现裂缝、沉陷或变形；基础的排水沟不应堵塞、填埋或淤积。
建议整改措施	对杆塔基础进行排水清淤，夯实保护土层。

1.1.2 杆塔

缺陷图片

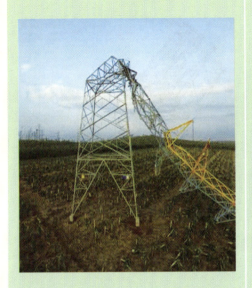

标准图片

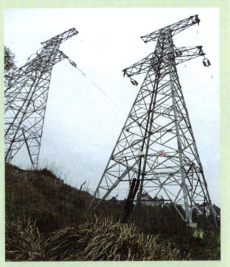

缺陷内容	铁塔倾覆。
参考依据	《架空输电线路运行规程》(DL/T 741—2019)第5.1.4 条规定：交流线路杆塔的倾斜、杆（塔）顶扰度、横担的倾斜程度不应超过表 1 的规定。直线杆—水泥杆倾斜度 <1.5%，直线杆—角钢塔倾斜度 <0.5%（适用于50m 及以上高度铁塔），直线杆—钢管塔倾斜度 <0.5%。
建议整改措施	重新组立铁塔，更换线路，恢复原状。

1.1.2 杆塔

缺陷图片	标准图片

缺陷内容	铁塔横担歪斜。
参考依据	《架空输电线路运行规程》（DL/T 741—2019）第5.1.4条规定：交流线路杆塔的倾斜、杆（塔）顶扰度、横担的倾斜程度不应超过表1的规定。杆塔横担歪斜度—水泥杆 <1%，杆塔横担歪斜度—角钢塔 <1%，杆塔横担歪斜度—钢管塔倾斜度 <0.5%。
建议整改措施	调整或更换塔头。

1.1.2　　　　　　　　　　　　杆塔

缺陷图片　　　　　　　　　　　标准图片

缺陷内容	铁塔主材锌层腐蚀。
参考依据	《架空输电线路运行规程》（DL/T 741—2019）第 6.2.3 条规定：设备巡视检查的内容可参照表 9 执行。杆塔塔材缺失、严重锈蚀。
建议整改措施	实施防腐工程。

1.1.2　　　　　　　　　　杆塔

缺陷图片	标准图片

缺陷内容	拉线 UT 线夹锈蚀。
参考依据	《架空输电线路运行规程》（DL/T 741—2019）第 5.4.1 条规定：金具本体不应出现变形、锈蚀、烧伤、裂纹，连接处转动应灵活，强度不应低于原值的 80%。
建议整改措施	发现中度锈蚀及时除锈、防腐，若严重锈蚀，应及时更换 UT 线夹。

1.1.3 　　　　　　　　　　　　　　导线

缺陷图片　　　　　　　　　　　　　标准图片

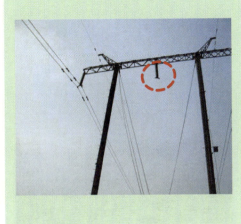 

缺陷内容	导线掉线。
参考依据	《架空输电线路运行规程》（DL/T 741—2019）第6.2.3 条规定：设备巡视检查的内容可参照表 9 执行。线路金具脱落、螺栓松动。
建议整改措施	更换金具、绝缘子并恢复原状，确保导线连接挂点稳定可靠后重新挂线。

1.1.4 　　　　　　　　　　　　　　　　 通道

缺陷图片	标准图片

缺陷内容	线下竹子与导线距离不足。
参考依据	《架空输电线路运行规程》（DL/T 741—2019）附录 B 表 B.7 规定：导线在最大弧垂、最大风偏时与树木之间的安全距离（按自然生长高度），附录 B 表 B.8 规定：导线与果树、经济作物、城市绿化灌木及街道之间的最小垂直距离，以及附录 B 第 B.7 条：导线与树木间距。
建议整改措施	清理线下超高树竹。

1.1.4 通道

缺陷图片	标准图片

缺陷内容	线下有棚屋，棚顶非固定构筑物，有空飘风险。
参考依据	《架空输电线路运行规程》（DL/T 741—2019）附录 B 表 B.4 规定：导线与建筑物之间的最小垂直距离。 《架空输电线路运行规程》（DL/T 741—2019）附录 B 表 B.5 规定：边导线与建筑物之间的最小净空距离。
建议整改措施	清理线下建筑物。

1.1.5　绝缘子

缺陷图片	标准图片
	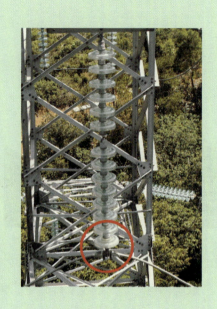

缺陷内容	瓷绝缘子伞裙破损。
参考依据	《架空输电线路运行规程》（DL/T 741—2019）第5.3.1 条规定：瓷质绝缘子伞裙不应破损，瓷质不应有裂纹，瓷釉不应烧损。
建议整改措施	更换瓷绝缘子。

1.1.6   金具

缺陷图片   标准图片

缺陷内容	悬垂线夹锈蚀。
参考依据	《架空输电线路运行规程》（DL/T 741—2019）第 5.4.1 条规定：金具本体不应出现变形、锈蚀、烧伤、裂纹，连接处转动应灵活，强度不应低于原值的 80%。
建议整改措施	发现中度锈蚀及时除锈、防腐，若严重锈蚀，应及时更换悬垂线夹。

1.1.6　　　　　　　　　　　金具

缺陷图片	标准图片
	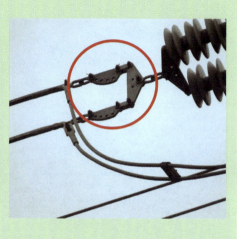

缺陷内容	耐张线夹钢锚锈蚀。
参考依据	《架空输电线路运行规程》（DL/T 741—2019）第5.4.1条规定：金具本体不应出现变形、锈蚀、烧伤、裂纹，连接处转动应灵活，强度不应低于原值的80%。
建议整改措施	发现中度锈蚀及时除锈、防腐，若严重锈蚀，应及时更换耐张线夹。

1.1.6 金具

缺陷图片

标准图片

缺陷内容	防振锤电弧烧伤。
参考依据	《架空输电线路运行规程》（DL/T 741—2019）第5.4.1 条规定：金具本体不应出现变形、锈蚀、烧伤、裂纹，连接处转动应灵活，强度不应低于原值的 80%。
建议整改措施	及时更换防振锤。

1.1.7 　　　　　　防雷设施

缺陷图片	标准图片

缺陷内容	线路避雷器挂点脱落。
参考依据	《架空输电线路运行规程》（DL/T 741—2019）第6.2.3条规定：设备巡视检查的内容可参照表9执行。附属设施—防雷装置—引线脱落。
建议整改措施	更换挂点。

1.1.8　　　　　　　　　　　　　接地装置

缺陷图片	标准图片

缺陷内容	接地引下线锈蚀。
参考依据	《架空输电线路运行规程》（DL/T 741—2019）第5.5.3 条规定：接地引下线不应断开、锈蚀或与接地体接触不良。
建议整改措施	更换接地引下线。

1.1.9	防护设施
缺陷图片	标准图片

缺陷内容	挡土墙裂开。
参考依据	《架空输电线路运行规程》（DL/T 741—2019）第5.1.1 条规定：基础挡土墙或护坡不应出现裂缝、沉陷或变形。
建议整改措施	修补挡土墙。

1.1.9 防护设施

缺陷图片

标准图片

缺陷内容	塔号牌缺失。
参考依据	《110kV~750kV 架空输电线路施工及验收规范》（GB 50233—2014）第 10.1.3 条中第 5 点规定：线路防护设施验收应包括下列内容：4）回路标志、相位（极性）标志、警告牌等线路防护标志。
建议整改措施	补充、完善塔号牌。

1.2	电缆
1.2.1	电缆本体

缺陷图片	标准图片

缺陷内容	电缆本体破损。
参考依据	《电气装置安装工程电缆线路施工及验收规范》(GB 50168—2018)第 6.1.1 条规定：电缆外观应无损伤。
建议整改措施	更换或修复破损电缆。

1.2.1　　　　　　　　　　　　　　　电缆本体

缺陷图片

标准图片

缺陷内容	电缆本体被积水淹没。
参考依据	《电气装置安装工程电缆线路施工及验收规范》（GB 50168—2018）第 6.3.2 条规定：管道内部应无积水，且无杂物堵塞。
建议整改措施	及时对积水进行清理，避免电缆本体长期被水浸泡。

1.2.2 电缆盖板

缺陷图片	标准图片

缺陷内容	盖板破损。
参考依据	《电气装置安装工程电缆线路施工及验收规范》（GB 50168—2018）第 9.0.1 条规定：电缆沟内应无杂物、积水，盖板应齐全。
建议整改措施	更换破损盖板。

1.3	开关
1.3.1	套管

缺陷图片	标准图片
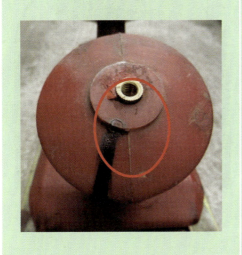	

缺陷内容	表面有严重放电痕迹。
参考依据	《变电站运行导则》（DL/T 969—2005）第 6.6.2.1 条规定：套管、绝缘子无裂痕，无闪络痕迹。 《交流电压高于 1000V 的绝缘套管》（GB/T 4109—2022）第 4.9 条规定：标准绝缘水平表 4 规定。
建议整改措施	（1）建议停电后，清洁该套管表面污秽，检查绝缘是否有破损。 （2）损坏严重的，建议更换套管。

1.3.1	套管
缺陷图片	标准图片

缺陷内容	外壳有裂纹（撕裂）或破损。
参考依据	《变电站运行导则》（DL/T 969—2005）第 6.6.2.1 条规定：套管、绝缘子无裂痕，无闪络痕迹。
建议整改措施	建议更换套管。

1.3.2 开关本体

缺陷图片

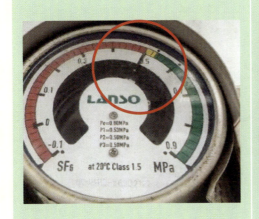

标准图片

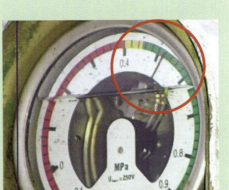

缺陷内容	气压表在红色闭锁区域范围，表计指示不正确。
参考依据	气体绝缘开关的压力指示应在合格区域内（绿色区域）。《变电站运行导则》（DL／T 969—2005）第6.6.2条规定。
建议整改措施	（1）立即补加 SF$_6$ 气体至额定值。 （2）使用 SF$_6$ 气体检漏仪检查漏点，漏气严重的停电检修。

1.3.2 开关本体

缺陷图片 标准图片

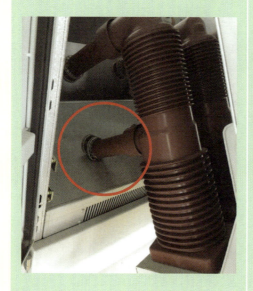

缺陷内容	手车开关动触头有明显变形。
参考依据	《变电站运行导则》（DL/T 969—2005）第6.8.2.3条规定：柜内设备正常，绝缘子完好、无破损。
建议整改措施	停电清扫后查勘，试验，更换绝缘不合格的元件。

1.3.2 开关本体

缺陷图片	标准图片

缺陷内容	开关本体表面污秽较为严重。
参考依据	开关本体表面清洁无损。 参见《变电站运行导则》（DL/T 969—2005）第6.1条及《高压交流隔离开关和接地开关》（GB/T 1985—2023）第3.7条规定。
建议整改措施	停电清扫后，查勘开关情况。

1.3.2 开关本体

缺陷图片	标准图片

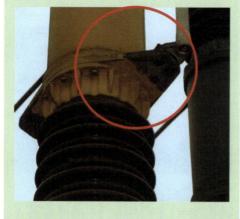 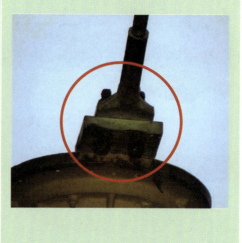

缺陷内容	开关本体引线连接处严重锈蚀。
参考依据	开关本体表面无锈蚀、过热、烧损和放电现象。详见《变电站运行导则》（DL/T 969—2005）第6.6.2条规定。
建议整改措施	使用除锈剂清除锈蚀部分，对转动部分涂抹黄油，更换锈蚀严重的元件。

1.3.3　　　　　　　　　　　　　　　　隔离开关

缺陷图片	标准图片
	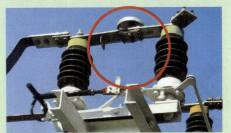

缺陷内容　　　隔离开关连接不良。

参考依据　　　隔离开关应完整的安装，连接良好。
　　　　　　　详见《变电站运行导则》（DL/T 969—2005）第 6.9.2
　　　　　　　条规定。

建议整改措施　停电后对未连接导体进行处理，测量回路电阻合格可投
　　　　　　　入运行。

1.3.3 隔离开关

缺陷图片	标准图片

缺陷内容	隔离开关操作机构严重锈蚀。
参考依据	隔离开关应完整，无破损、无锈蚀、无污迹或放电痕迹。详见《变电站运行导则》（DL/T 969—2005）第 6.9.2 条规定。
建议整改措施	立即更换锈蚀部件。

1.3.4 分合闸指示器

缺陷图片	标准图片

缺陷内容	断路器指示不正确。
参考依据	《变电站运行导则》（DL/T 969—2005）第 6.6.2.1 条规定：分、合闸位置与实际工况相符。
建议整改措施	停电后调试开关分合闸指示，必要时更换。

1.3.5 操作机构

缺陷图片	标准图片

缺陷内容	严重锈蚀。
参考依据	操作机构应动作灵活，操作顺畅。 详见《变电站运行导则》（DL／T 969—2005）第 6.6.2 条规定。
建议整改措施	开展防腐除锈。

1.3.5 操作机构

缺陷图片	标准图片

缺陷内容	设备外观脏污。
参考依据	设备外观清洁，无破损、无异物。 详见《变电站运行导则》（DL/T 969—2005）第 6.9.2 条规定。
建议整改措施	清洁机构箱外壳。

1.3.5 操作机构

缺陷图片	标准图片

缺陷内容	操作机构箱无设备双重名称编号。
参考依据	一次设备应使用双重名称编号。 详见《电力安全工作规程　发电厂和变电站电气部分》（GB 26860—2011）第 5.3.4 条规定。
建议整改措施	在操作机构上加装双重名称标识牌。

1.3.5　　　　　　　　　　　操作机构

缺陷图片	标准图片
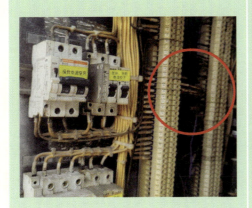	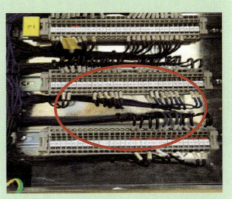

缺陷内容	开关机构箱端子排严重锈蚀。
参考依据	机构箱内各接触器应该无锈蚀、损伤、卡死现象，二次端子接线无松动及脱落现象。 　详见《变电站运行导则》（DL/T 969—2005）第 6.6.2 条规定。
建议整改措施	对开关机构箱进行除锈处理。

1.3.5 操作机构

缺陷图片	标准图片

缺陷内容	隔离开关机构箱严重锈蚀。
参考依据	操作机构箱应无破损、无锈蚀、无污迹。 详见《变电站运行导则》(DL/T 969—2005)第 6.9.2 条规定。
建议整改措施	对隔离开关机构箱进行除锈处理。

1.3.5 操作机构

缺陷图片	标准图片
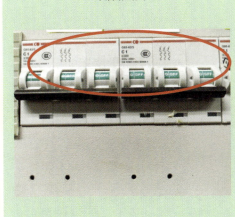	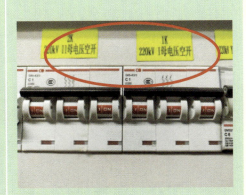

缺陷内容	机构箱内空气开关标识不正确、齐全、清楚。
参考依据	机构箱内空气开关标识应正确、齐全。 详见《变电站运行导则》(DL/T 969—2005)第 6.6.2 条规定。
建议整改措施	在空气开关的适当位置贴上正确的空气开关标识。

1.3.5 操作机构

缺陷图片

标准图片

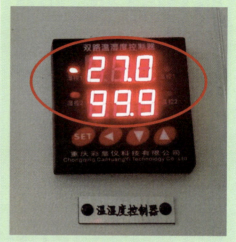

缺陷内容	机构箱、端子箱加热除潮装置不正常。
参考依据	机构箱、端子箱加热除潮装置开机正常，能启动加热及除湿功能。 详见《变电站运行导则》（DL/T 969—2005）第6.6.1条规定。
建议整改措施	检查加热除潮装置回路电源是否正常，加热除潮装置本身是否正常，必要时更换。

1.3.5 操作机构

缺陷图片

标准图片

缺陷内容	隔离开关操作把手机械未上锁。
参考依据	隔离开关操作把手处应设置五防锁。 详见《变电站运行导则》（DL/T 969—2005）第 6.9.2 条规定。
建议整改措施	对未设五防锁部分立即设置五防闭锁。

1.3.6　　　　　　　　　　　　　　电流互感器

缺陷图片	标准图片

缺陷内容	电流互感器二次接线盒锈蚀，二次端子排松动、脱落。
参考依据	互感器应无破损、无锈蚀，二次端子接线无松动及脱落现象。 详见《变电站运行导则》（DL/T 969—2005）第 6.10.2 条规定。
建议整改措施	停电后，二次端子接线端子进行紧固，更换二次接线盒并加装防雨罩。

1.3.7　　　　　　　　　　　二次保护屏

缺陷图片	标准图片

缺陷内容	保护屏、柜未封堵完好。
参考依据	应采取防火阻燃及防小动物措施。 详见《电力工程电缆防火封堵施工工艺导则》（DL/T 5707—2014）第 5.1.3 条规定。
建议整改措施	使用有机堵料对保护屏、柜封堵。

1.4	电容器

缺陷图片	标准图片

缺陷内容	电容器本体锈蚀。
参考依据	电容器无锈蚀，防腐涂层完好，无起泡、脱落现象。详见《变电站运行导则》（DL/T 969—2005）第 6.12.1.2 条规定。
建议整改措施	用除锈剂小心去除表面锈迹，然后做好防腐涂层，严重的请更换锈蚀的单支电容器。

1.4	电容器
缺陷图片	标准图片

缺陷内容	鼓肚严重。
参考依据	电容器外观无渗漏、鼓肚、变形炸裂等现象。 详见《变电站运行导则》（DL/T 969—2005）第 6.12.1.2 条规定。
建议整改措施	更换鼓肚的电容器并做相应试验。

1.4	电容器
缺陷图片	标准图片

缺陷内容	电容器本体渗漏、变形炸裂。
参考依据	电容器外观无渗漏、鼓肚、变形炸裂等现象。 详见《变电站运行导则》（DL/T 969—2005）第6.12.1.2条规定。
建议整改措施	更换炸裂、渗油电容器并做相应试验。

缺陷图片	标准图片

缺陷内容	避雷器有明显击穿现象。
参考依据	避雷器外观应正常、无破损。 详见《交流电力系统金属氧化物避雷器使用导则》（DL/T 804—2014）第 7.9 条规定。
建议整改措施	更换避雷器并做相应试验。

1.6	变压器
1.6.1	温控装置

缺陷图片	标准图片

缺陷内容	温控装置无法显示。
参考依据	变压器温控装置应显示温度正常。 详见《电力变压器运行规程》(DL/T 572—2021)第6.1条及《变压器油面温控器》(JB/T 6302—2016)第7.1条规定。
建议整改措施	检查温控器回路接线是否正确,温控器是否正常,及时安排更换。

1.6.2	变压器本体
缺陷图片	标准图片

缺陷内容	变压器鹅卵石有油迹，瓷套法兰连接处、放油阀有渗油现象，绝缘油有变色。
参考依据	《电力变压器运行规程》（DL/T 572—2021）第 6.1.4 条规定：油浸式变压器的油温和温度计应正常，各部位无渗油、漏油。
建议整改措施	检查变压器漏点，更换相应配件并滤油静置观察。

1.6.2 变压器本体

缺陷图片	标准图片

缺陷内容	严重锈蚀。
参考依据	变压器本体无锈蚀。 详见《变电站运行导则》（DL/T 969—2005）第6.2.2条规定。
建议整改措施	使用除锈剂清理锈蚀并做防腐层。

1.6.2　　　　　　　　　　　　　　　　变压器本体

缺陷图片	标准图片

缺陷内容	主变压器本体及散热器渗漏油、硅胶罐变色。
参考依据	《电力变压器运行规程》（DL/T 572—2021）第 6.1.4 条规定：a）油浸式变压器的油温和温度计应正常，各部位无渗油、漏油。f）吸湿器应完好，吸附剂应干燥。
建议整改措施	（1）检查变压器漏点，对变压器绝缘油进行油实验，必要时应及时安排停电更换。 （2）当硅胶潮解变色部分超过总量的 2/3 或硅胶自下而上变色时，应及时更换吸湿器。

1.6.2　　　　　　　　　　　变压器本体

缺陷图片　　　　　　　　　　　　标准图片

　　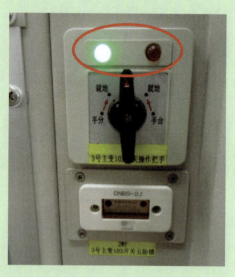

缺陷内容	各总路开关位置指示不正常。
参考依据	变压器各总路开关位置指示应正常。 详见《电力变压器运行规程》（DL/T 572—2021）第6.1条规定。
建议整改措施	检查各总路开关位置指示相应回路，节点及元件是否工作正常，及时安排检修和更换。

1.6.2   变压器本体

缺陷图片   标准图片

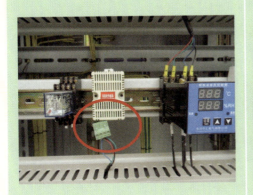 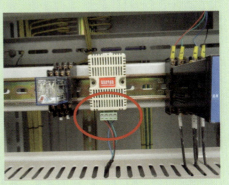

缺陷内容	主变压器端子箱及开关回路端子箱接线有松动、脱落。
参考依据	端子箱接线牢固无松动。 详见《变电站运行导则》（DL/T 969—2005）第 6.2.2 条规定。
建议整改措施	检查主变压器端子箱及开关回路端子箱相应回路，节点及元件是否工作正常。

1.6.3 变压器油位计

缺陷图片	标准图片
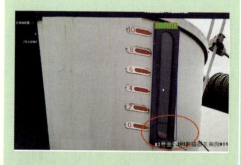	

缺陷内容	本体油位低于 0 刻度以下。
参考依据	油位指示正常油位，油位可见。 详见《变电站运行导则》(DL/T 969—2005)第 6.2.2 条规定。
建议整改措施	（1）检查油位计，若有问题及时更换。 （2）如油位计正常，及时将油补充至正常油位并静置观察。 （3）如变压器存在漏油点，及时处理。

1.6.4	变压器呼吸器
缺陷图片	标准图片

缺陷内容	主变硅胶罐变色，有异物。
参考依据	《电力变压器运行规程》（DL/T 572—2021）第 6.1.4 条规定：f）吸湿器应完好，吸附剂应干燥。
建议整改措施	更换硅胶颗粒。

1.7	开关柜
1.7.1	开关柜本体
缺陷图片	标准图片

缺陷内容	二次接线端子连接松动，有裸露线头，电缆号头、吊牌等标志不齐全清晰。
参考依据	二次接线应整齐、牢固。 详见《变电站运行导则》（DL/T 969—2005）第 6.10.2 条规定。
建议整改措施	完善二次接线端子连接及电缆号头、吊牌等标志。

1.7.2　　　　　　　　　　　　　　　　互感器

缺陷图片	标准图片
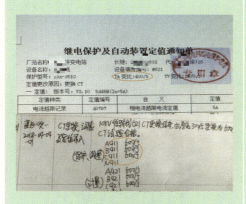	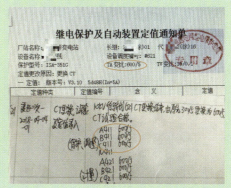

缺陷内容	互感器的变比与保护定值核对不一致。
参考依据	互感器的变比与保护定值应核对一致。 详见《变电站运行导则》（DL/T 969—2005）第 6.10 条规定。
建议整改措施	核实现场互感器变比，联系调度更改定值。

1.7.3	避雷器
缺陷图片	标准图片

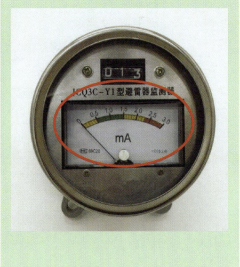

缺陷内容	放电计数器及泄漏电流在线监测装置存在破损或内部有积水、模糊现象。
参考依据	放电计数器及泄漏电流监测仪应能清晰观察示数且指示无异常。 详见《变电站运行导则》（DL/T 969—2005）第6.11.2条规定。
建议整改措施	更换故障放电计数器。

1.7.4	辅助部件
缺陷图片	标准图片

缺陷内容	带电显示器显示异常。
参考依据	《变电站运行导则》（DL/T 969—2005）第 6.8.2.1 条规定：开关柜上指示灯、带电显示器指示应正常。 《高压带电显示装置》（GB/T 25081—2010）第 5.3 条规定。
建议整改措施	（1）检查带电显示器回路。 （2）调整问题接线，更换故障元件。

1.7.5	仪表
缺陷图片	标准图片

缺陷内容	开关柜仪器仪表显示不准确。
参考依据	《变电站运行导则》（DL/T 969—2005）第 6.8.2.2 条规定：屏面表计、继电器工作正常。
建议整改措施	检查表计回路，调整问题接线，更换故障元件。

1.7.5	仪表
缺陷图片	标准图片

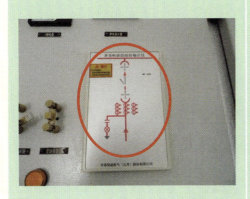 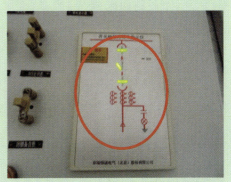

缺陷内容	10kV 开关柜开关状态综合指示仪指示不正常，与实际运行方式不一致。
参考依据	开关柜上指示灯、带电显示器、表计指示应正常。详见《变电站运行导则》(DL/T 969—2005)第 6.8.2 条规定。
建议整改措施	检查开关状态综合指示仪回路，调整问题接线，更换故障元件。

1.8	其他

房屋

缺陷图片	标准图片

缺陷内容	房屋有裂纹、渗水、漏雨现象，墙面有脱落。
参考依据	配电室、控制室、开关室应具备防火、抗震、防洪功能和措施，应有防雨雪措施。 《22kV~500kV 户内变电站设计规程》（DL/T 5496—2015）第 6.1.4 条规定：建（构）筑物的承载力、稳定、变形、抗裂、抗震及耐久性等，应符合《建筑结构荷载规范》。 《变电站运行导则》（DL/T 969—2005）第 8.5 条规定。
建议整改措施	及时修缮房屋。

房屋

缺陷图片	标准图片

缺陷内容	防鼠措施不到位。控制室、保护继电器室的门口未放置防鼠挡板。
参考依据	《变电站运行导则》（DL/T 969—2005）第 8.7.1 条规定：配电室、电容器室出入口应有一定高度的防小动物挡板。
建议整改措施	在控制室、保护继电器室的门口放置防鼠挡板，封堵电缆孔洞严密。

第 2 章

10kV 电力用户现场

配电房分解图

线路标注

- 🟥 10 kV 高压进线
- 🟨 10 kV 高压出线
- 🟦 0.4 kV 低压母线
- 🟩 0.4 kV 低压出线

设备标注

❶ ▶ 10 kV 高压进线柜　　❷ ▶ 10 kV 高压出线柜　　❸ ▶ 配电变压器

❹ ▶ 0.4 kV 低压总路柜　　❺ ▶ 电容器柜　　❻ ▶ 联络柜

配电房高压柜分解图

① ▶ 10 kV 高压进线　　② ▶ 10 kV 高压出线　　③ ▶ 高压电缆桥架

④ ▶ 高压进线柜　　　　⑤ ▶ 双重名称编号　　　⑥ ▶ 断路器

⑦ ▶ 隔离开关　　　　　⑧ ▶ 高压出线柜　　　　⑨ ▶ 负荷开关

⑩ ▶ 三相放电指示器

配电房变压器及低压柜分解图

❶ ▶ 配电变压器　　　　　　❷ ▶ 变压器温度控制器

❸ ▶ 变压器 0.4 千伏低压母线排　　　　　　❹ ▶ 低压总路柜

❺ ▶ 隔离开关　　　　　　❻ ▶ 总路断路器　　　　　　❼ ▶ 低压出线柜

❽ ▶ 0.4 千伏低压出线　　　　　　❾ ▶ 低压电缆桥架　　　　　　❿ ▶ 电容器柜

⓫ ▶ 联络柜　　　　　　⓬ ▶ 联络断路器　　　　　　⓭ ▶ 双重名称编号

10kV 线路分解图

① ▷ 高压跌落保险	② ▷ 高压避雷器	③ ▷ 高压引线
④ ▷ 密封式变压器	⑤ ▷ 高压套管	⑥ ▷ 低压套管
⑦ ▷ 互感器	⑧ ▷ 低压引线	⑨ ▷ 低压补偿箱
⑩ ▷ 低压隔离开关	⑪ ▷ 低压保险片	⑫ ▷ 低压避雷器
⑬ ▷ 圆钢抱箍	⑭ ▷ 横担	⑮ ▷ 配变台架

2.1	架空线路
2.1.1	杆塔基础

缺陷图片	标准图片

缺陷内容	杆塔基础周围土壤被挖掘，有倒杆风险。
参考依据	杆塔基础无损坏、下沉、上拔，周围土壤无挖掘或沉陷。 详见《架空绝缘配电线路施工及验收规程》（DL/T 602—1996）第 4.7 条规定。
建议整改措施	（1）基础回填时应按 0.3m 厚进行分层夯实。 （2）发现基础沉降应及时回填并夯实，必要时采取混凝土补强措施。

2.1.1 杆塔基础

缺陷图片	标准图片

缺陷内容	杆塔基础倾斜。
参考依据	《架空绝缘配电线路施工及验收规程》（DL/T 602—1996）第5.13、第5.14条规定：直线杆杆稍的位移不大于杆稍直径的1/2；水泥杆倾斜度（包括挠度）<1.5%。
建议整改措施	如有拉线，须检查拉线是否松动，电杆基础是否存在塌方、沉降等现象，发现问题及时处理，必要时搬迁改道。

2.1.1   杆塔基础

缺陷图片   标准图片

缺陷内容	水泥杆本体杆埋深不足、基础不牢固。
参考依据	《架空绝缘配电线路施工及验收规程》（DL/T 602—1996）第 4.3 条规定：水泥电杆埋设深度应符合表 1 要求。杆长/埋深：8m/1.5m；9m/1.6m；10m/1.7m；11m/1.8m；12m/1.9m；15m/2.3m；18m/（2.6~3.0）m。
建议整改措施	发现埋深不足时，应立即采取措施，回填并夯实基础，必要时搬迁改道。

2.1.2 杆塔本体

缺陷图片

标准图片

缺陷内容	水泥杆表面出现裂纹。
参考依据	水泥电杆应表面光洁平整，无露筋、裂纹等缺陷。 详见《架空绝缘配电线路施工及验收规程》（DL/T 602—1996）第3.5、第3.6条规定。
建议整改措施	检查电杆是否有弯曲、裂纹，发现电杆损伤、出现裂纹及时处理。

2.1.2　　　　　　　　　　　　　　　　　杆塔本体

缺陷图片　　　　　　　　　　　　　标准图片

缺陷内容	杆塔本体有树障、藤蔓。
参考依据	《架空输电线路运行规程》（DL/T 741—2019）第 6.3 条规定：杆塔无藤蔓类植物攀附。
建议整改措施	发现杆塔本体有异物时应及时清除。

2.1.3 导线

缺陷图片	标准图片

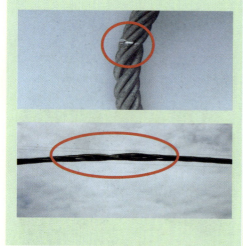

缺陷内容	（1）导线线芯有损伤； （2）钢芯铝绞线钢芯断股。
参考依据	线芯损伤应及时按规程处理。 详见《架空绝缘配电线路施工及验收规程》（DL/T 602—1996）第 7.2.1 条规定。
建议整改措施	导线损伤后应及时修补或开断压接，遇重要跨越段应对该耐张段导线及时进行更换。

2.1.3   导线

缺陷图片	标准图片

缺陷内容	架空绝缘线绝缘层破损。
参考依据	绝缘层损伤应及时按规程处理。 详见《架空绝缘配电线路施工及验收规程》（DL/T 602—1996）第 7.2.2 条规定。
建议整改措施	发现绝缘破损时，应及时对受损部位进行绝缘处理，必要时对导线进行更换。

2.1.3 导线

缺陷图片

标准图片

缺陷内容	导线上有异物。
参考依据	《架空绝缘配电线路施工及验收规程》（DL/T 602—1996）第 7.4.4 条规定：导线上应无异物。
建议整改措施	（1）加强线路通道巡视，发现异物挂线时应及时清除。 （2）对易产生异物挂线区域，宜采用绝缘架空导线。

2.1.3　　　　　　　　　　　　　　导线

缺陷图片　　　　　　　　　　　标准图片

缺陷内容	导线弧垂不满足运行要求。
参考依据	导线的弧垂应根据计算确定。导线架设后塑性伸长对弧垂的影响，宜采用减小弧垂法补偿，弧垂减小的百分数应满足规程规定。 　　详见《10kV 及以下架空配电线路设计技术规程》（DL/T 5220—2021）第 5.0.8 条规定。
建议整改措施	（1）新建线路弧垂应严格按照设计要求调整。 　　（2）高温大负荷情况下，应开展线路特巡，发现弧垂超标准时，应及时调整。

2.1.4　　　　　　　　　　　　　　绝缘子

缺陷图片	标准图片

缺陷内容	绝缘子表面有放电痕迹、釉面受损并有剥落痕迹，有裂缝。
参考依据	绝缘子表面无污秽、闪络痕迹，绝缘子应整洁，无破损。 　详见《架空绝缘配电线路施工及验收规程》（DL/T 602—1996）第 5.22 条规定。
建议整改措施	（1）发现污秽严重时，应及时对绝缘子进行清扫，如存在放电痕迹应查明放电原因并及时更换。 （2）对雷击频发区域线路加装防雷装置，防止雷击闪络。 （3）检查绝缘子是否存在破损，发现及时更换受损绝缘子。

2.1.4 绝缘子

缺陷图片

标准图片

缺陷内容	固定不牢固、倾斜。
参考依据	《架空绝缘配电线路施工及验收规程》（DL/T 602—1996）第 5.22.1 条规定：绝缘子应安装牢固，连接可靠。
建议整改措施	（1）绝缘子应安装牢固、无倾斜。 （2）发现绝缘子严重倾斜，及时对绝缘子螺栓进行紧固。

2.1.5	线夹
缺陷图片	标准图片

缺陷内容	线夹主件有脱落、松动现象，耐张线夹绝缘罩脱落。
参考依据	（1）线夹螺栓紧固，螺帽、销子完整，开口销及弹簧销无锈蚀、断裂、脱落。 （2）绝缘罩应扣紧，型号与线夹匹配。 　详见《架空绝缘配电线路施工及验收规程》（DL/T 602—1996）第7.3条规定。
建议整改措施	（1）线夹选型应与导线匹配。 （2）发现线夹各主件有脱落、缺失情况时，应及时补充或更换。

2.1.5　　　　　　　　　　　　　　　　線夹

缺陷图片　　　　　　　　　　　　　　标准图片

缺陷内容	连接金具锈蚀严重。
参考依据	参照《架空输电线路运行规程》（DL/T 741—2019）第5.4.1条规定：金具本体不应出现变形、锈蚀、磨损、烧伤、裂纹。
建议整改措施	（1）检查金具锈蚀情况。 （2）发现锈蚀严重时，进行防腐处理或更换。

2.1.6 钢绞线

缺陷图片	标准图片

缺陷内容	拉线断股。
参考依据	拉线无断股、松弛、张力分配不匀的现象。 详见《架空绝缘配电线路施工及验收规程》（DL/T 602—1996）第6.4条。
建议整改措施	（1）检查拉线是否有异物，道路边拉线防撞标识、护套是否齐全，防止外力挂断。 （2）发现异物及时清除，对拉线断股严重的及时更换。

2.1.6　　　　　　　　　　　　　　　　　　钢绞线

缺陷图片

标准图片

缺陷内容	跨越道路的水平拉线对路边缘的垂直距离不足。
参考依据	《架空绝缘配电线路施工及验收规程》（DL/T 602—1996）第 6.1.3 条规定：拉线穿越公路时，对路面中心的距离不应小于 6m，且对路面的最小距离不应小于 4.5m。
建议整改措施	发现水平拉线对地不足时，根据现场情况立即整改。

2.1.6 钢绞线

缺陷图片	标准图片

缺陷内容	拉线松弛。
参考依据	拉线无断股、松弛、张力分配不匀的现象。 详见《架空绝缘配电线路施工及验收规程》(DL/T 602—1996)第 6.4 条。
建议整改措施	发现拉线松弛导致电杆倾斜时,应校正电杆并夯实电杆及拉线基础,调紧拉线,使拉线受力均匀。

2.1.7 拉线金具

缺陷图片	标准图片

缺陷内容	拉线基础埋深不足或 UT 线夹埋线过深。
参考依据	（1）拉线埋深不小于 1.8m，拉线坑回填土应夯实，宜设防沉层，封土高于地面 300mm，无沉降。 （2）拉线的 UT 型线夹无被埋入土或废弃物堆中。 参见《架空绝缘配电线路施工及验收规程》（DL/T 602—1996）第 6.2 条、第 6.3 条、第 6.5 条规定。
建议整改措施	拉线盘回填土应夯实，防止拉线受力上拔，发现拉线 UT 型线夹被埋应延长拉线棒。

2.1.8   通道

缺陷图片	标准图片
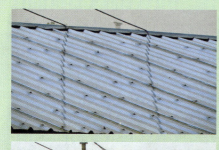	

缺陷内容	导线对交跨物（弱电线路、建筑物）安全距离不足。
参考依据	导线与地面、交跨物间的距离应满足规范规定。 详见《10kV 及以下架空配电线路设计规范》（DL/T 5220—2021）第 11.0.2 条、第 11.0.3 条、第 11.0.4 条、第 11.0.5 条规定。
建议整改措施	（1）检查线路交叉跨越及弧垂情况。 （2）有交叉跨越安全距离不足时，应采取更换电杆、降低被跨越线路或调整弧垂等措施。

2.1.8 通道

缺陷图片

标准图片

缺陷内容	线路通道保护区内树木距导线距离，在最大风偏情况下安全距离不足。
参考依据	《10kV 及以下架空配电线路设计规范》（DL/T 5220－2021）第 11.0.6 条规定：3~10kV 线路与行道树垂直安全距离 1.5（0.8）m，水平安全距离 2.0（1.0）m；与果树、经济作物以及城市灌木垂直安全距离 1.5m。
建议整改措施	发现线路通道及两侧有临近或超出导线的树木时，应及时进行砍伐。

2.2	柱上开关
2.2.1	套管

缺陷图片	标准图片

缺陷内容	（1）表面有放电痕迹； （2）外壳有裂纹。
参考依据	《变电站运行导则》（DL/T 969—2005）第6.6.2.1条规定：套管、绝缘子无裂痕，无闪络痕迹。 《交流电压高于1000V的绝缘套管》（GB/T 4109—2022）第4.9条：标准绝缘水平表4规定。
建议整改措施	（1）发现开关套管有明显放电痕迹，对放电点进行处理，必要时进行更换。 （2）发现开关套管有破损，应做好记录，加强监视，并及时更换。

2.2.2	柱上开关本体

缺陷图片	标准图片

缺陷内容	（1）污秽较为严重。 （2）开关本体锈蚀。
参考依据	本体表面无污迹，无锈蚀、过热、烧损和放电现象。 《变压器分接开关运行维修导则》（DL/T 574—2021）第5.1.2.2条规定：分接开关及其全部附件、专用工具应齐全，无锈蚀及机械损坏。 《变电站运行导则》（DL/T 969—2005）第6.1条规定。
建议整改措施	（1）检查开关本体有无污迹。发现本体污秽时，配合停电计划进行清扫。 （2）检查开关本体漆面无气泡、脱落、锈蚀。发现本体严重锈蚀及时处理。

2.2.3 　　　　　　　　　　　　　　　隔离开关

缺陷图片　　　　　　　　　　　　　　标准图片

缺陷内容	隔离开关有锈蚀。
参考依据	《高压交流隔离开关和接地开关》（DL/T 486—2021）第 5.20 规定：隔离开关和接地开关的各种金属部件应能有效防锈耐腐蚀。
建议整改措施	（1）发现隔离开关严重锈蚀应及时更换。 （2）隔离开关触头处应均匀涂抹导电膏（凡士林）。

2.3	跌落式熔断器及避雷器
2.3.1	支撑绝缘子

缺陷图片	标准图片
	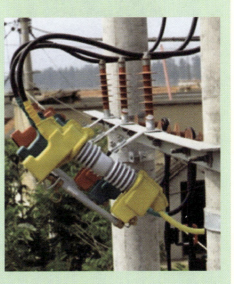

缺陷内容	柱上跌落式熔断器磁件有破损。
参考依据	绝缘子外观应良好，无破损。 详见《标称电压高于 1000V 的架空线路绝缘子》（GB/T 1001.1—2021）第 29.1 条、第 29.2 条、第 29.3 条规定。
建议整改措施	发现瓷件（复合套管）有破损、裂纹等现象，应立即进行更换。

2.3.2 套管

缺陷图片	标准图片

缺陷内容	表面有放电痕迹。
参考依据	柱上跌落式熔断器外观应良好，无放电痕迹。 参见《电力变压器（电抗器）用高压套管选用导则》（DL/T 1539—2016）第 6.6.1 条规定。
建议整改措施	（1）适时开展夜间巡视及红外热成像，重点检查套管有无放电火花和接触不良等情况，对有明显放电痕迹的应立即进行更换。 （2）操作时，正常合理操作跌落式熔断器，拉、合时应用力适度，避免产生电弧或触头烧伤。

2.3.2 套管

缺陷图片

标准图片

缺陷内容	用其他导体代替熔丝、保险片或与配变容量不匹配。
参考依据	应按照规程规定选择熔丝，严禁用其他导体代替熔丝、保险片使用。 详见《10kV 及以下架空配电线路设计技术规程》（DL/T 5220—2021）第 12.1.9 条规定。
建议整改措施	发现有用其他导体代替熔丝、保险片的，应及时进行更换。

2.3.3　　　　　　　　　跌落式熔断器及避雷器本体

缺陷图片	标准图片

缺陷内容	跌落式熔断器有异物。
参考依据	柱上跌落式熔断器外观应良好、干净，无异物。 参见《低压熔断器　第5部分：低压熔断器应用指南》（GB/T 13539.5—2020）第4-（f）条规定。
建议整改措施	（1）发现跌落式熔断器有异物的应及时进行清理。 （2）对临近高层建筑或易发生空飘物的区域，可加装绝缘罩，防止异物飘落在设备上引发短路。

2.3.3　　　　　　　　　　　　跌落式熔断器及避雷器本体

缺陷图片	标准图片

缺陷内容	跌落式熔断器固定松动。
参考依据	《架空绝缘配电线路施工及验收规程》（DL/T 602—1996）第 8.2.1 条规定：跌落式熔断器的安装应各部分零件完整，安装牢固。
建议整改措施	重点检查跌落式熔断器有无松动、支架位移等情况，对有松动、支架位移的应及时进行整改。

2.4	金属氧化物避雷器
2.4.1	金属氧化物避雷器本体

缺陷图片	标准图片
	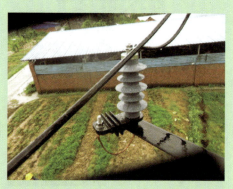

缺陷内容	金属氧化物避雷器本体严重破损。
参考依据	金属氧化物避雷器瓷件（复合套管）外观良好，无破损。详见《架空绝缘配电线路施工及验收规程》（DL/T 602—1996）第 8.4 条规定。
建议整改措施	（1）发现金属氧化物避雷器破损的应及时进行更换。 （2）加强避雷器预试定检，在雷雨季节前，做好接地电阻测试，对接地阻不合格的及时进行整改；严格按照金属氧化物避雷器拆校周期（3~5 年）开展拆校。

2.4.1　　　　　　　　　　　　金属氧化物避雷器本体

缺陷图片	标准图片

缺陷内容	避雷器本体松动。
参考依据	《架空绝缘配电线路施工及验收规程》（DL/T 602—1996）第 8.4.2 条规定：安装牢固、排列整齐、高低一致。
建议整改措施	重点检查金属氧化物避雷器固定螺栓有无松动、避雷器有无倾斜等情况，对有松动、倾斜的应及时进行整改。

2.4.2	引下线
缺陷图片	标准图片

缺陷内容	避雷器引线脱落。
参考依据	《架空绝缘配电线路施工及验收规程》（DL/T 602—1996）第8.4.3条规定：避雷器引线应短而直，连接应紧密。
建议整改措施	（1）避雷器引线连接金具安装时不应使用铜铝过渡线夹（接线端子）进行连接。 （2）对跌落式熔断器引线有松动、脱落等情况的应及时进行整改。

2.5	电容器
2.5.1	电容器套管

缺陷图片	标准图片
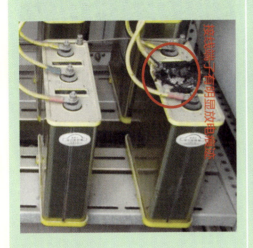	

缺陷内容	有明显放电痕迹。
参考依据	《低压无功补偿装置运行规程》（DL/T 1417—2015）第 7.1.4 规定：导线、开关连接点无过热现象，绝缘部件表面无闪络放电痕迹。
建议整改措施	（1）检查时，检查电容器接线端压接牢固，导电膏（凡士林）涂抹均匀。 （2）发现电容器接线端周边有异物、污渍应及时进行清理。 （3）发现电容器接线端有放电痕迹，应及时对电容器进行检查、更换。

2.5.2　　　　　　　　　　　　　电容器本体

缺陷图片	标准图片

缺陷内容	电容器本体锈蚀。
参考依据	《低压无功补偿装置运行规程》（DL/T 1417—2015）第 7.1.4 条规定：装置柜体无脱漆、锈蚀。
建议整改措施	（1）检查时，检查电容器本体无锈蚀，防腐涂层应完好，无明显划痕、起泡、脱落现象。 （2）发现电容器本体存在锈蚀或防腐涂层受损的情况，应对锈蚀部分进行除锈，并涂刷耐温的防腐涂料。

2.5.2　　　　　　　　　　　　　　　　　电容器本体

缺陷图片	标准图片

缺陷内容	鼓肚严重。
参考依据	《低压无功补偿装置运行规程》（DL/T 1417—2015）第 7.4.1 条规定：故障类别：电容器爆炸、起火、鼓肚。
建议整改措施	（1）检查时，检查电容器本体应无渗漏、鼓肚、变形等现象。 （2）发现电容器本体存在渗漏、鼓肚、变形等情况，应及时进行更换。

2.5.2 电容器本体

缺陷图片

标准图片

缺陷内容	渗漏、变形炸裂。
参考依据	《低压无功补偿装置运行规程》（DL/T 1417—2015）第 7.4.1 条规定：故障类别：电容器爆炸、起火、鼓肚。
建议整改措施	（1）检查时，检查电容器本体应无渗漏、鼓肚、变形等现象。 （2）发现电容器本体存在渗漏、鼓肚、变形等情况，应及时进行更换。

2.5.3 电容器熔断器接线端

缺陷图片	标准图片
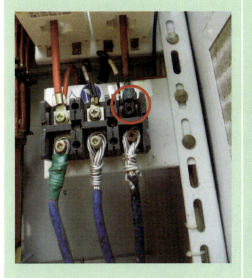	

缺陷内容	有明显放电，接线端压接不规范。
参考依据	《低压无功补偿装置运行规程》（DL/T 1417－2015）第 7.1.4 条规定：装置本体和连接线连接牢固。
建议整改措施	发现熔断器接线端因螺丝松动、绝缘包带破损或松散引起放电的，应对连接线重新进行压接，并重新缠绕绝缘包带；对因放电引起接线端子烧坏的，应对接线端子进行更换。

2.5.4　　　　　　　　　　　　控制机构

缺陷图片	标准图片

缺陷内容	控制器有个别指示灯无法显示，投入指示灯未亮，手动/自动指示灯未显示。
参考依据	《低压无功补偿装置运行规程》（DL/T 1417—2015）第7.31条规定：缺陷类别：运行指示灯积尘、损坏。
建议整改措施	发现确认电容器在通电状态但控制机构指示异常时，应对控制器进行更换。

2.6	配电变压器
2.6.1	配电变压器套管

缺陷图片	标准图片

缺陷内容	套管渗油。
参考依据	《电力变压器运行规程》（DL/T 572—2021）第 6.1.4 条规定：套管渗漏油时，应及时处理，防止内部受潮损坏。
建议整改措施	对漏油套管及时进行处理。

2.6.2	温控装置
缺陷图片	标准图片

缺陷内容	温控装置无法显示。
参考依据	《电力变压器运行规程》（DL/T 572—2021）第6.1.4条规定：变压器油温及温度计应正常。
建议整改措施	发现温控装置显示不正常，及时安排停电检查或更换。

2.6.3 配电变压器本体

缺陷图片	标准图片

缺陷内容	有漏油（滴油）或渗油现象。
参考依据	《电力变压器运行规程》（DL/T 572—2021）第 6.1.5 条规定：应对变压器做定期检查：检查变压器及散热装置任何渗漏油。
建议整改措施	发现有漏油情况及时检修或者更换。

2.6.3 配电变压器本体

缺陷图片	标准图片
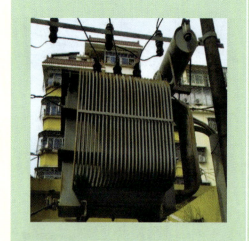	

缺陷内容	本体锈蚀。
参考依据	配变本体防腐涂层完好，无起泡、脱落现象。 参见《变电站运行导则》（DL/T 969—2005）第6.2.2条规定。
建议整改措施	（1）检查配变本体无锈蚀，防腐涂层应完好，无明显划痕、起泡、脱落现象。 （2）发现配变本体存在锈蚀或防腐涂层受损的情况，应对锈蚀部分进行除锈，并涂刷耐温的防腐涂料。

2.6.4   绝缘油

缺陷图片	标准图片

缺陷内容	绝缘油颜色较深。
参考依据	《运行中变压器油质量》（GB/T 7595—2017）表 1 规定：变压器油外观应透明、无沉淀物和悬浮物。
建议整改措施	发现油位计颜色较深，应及时安排停电更换绝缘油。

2.6.5 呼吸器

缺陷图片	标准图片

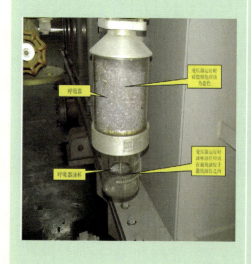

缺陷内容	吸湿器内吸附剂受潮，变色。
参考依据	《电力变压器运行规程》（DL/T 572—2021）第6.1.4条规定：f）吸湿器应完好，吸附剂应干燥。
建议整改措施	发现硅胶自上而下变色应及时更换呼吸器。

2.6.6   配电变压器散热片变形

缺陷图片	标准图片
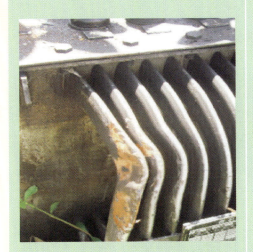	

缺陷内容	配变散热片破损、变形。
参考依据	参见《1000kV 变电站运行规程　第 3 部分：设备巡检》（DL/T 306.3—2010）第 4 条规定：本体外壳、构架应无锈蚀、损伤、变形。
建议整改措施	发现波纹连接管变形时及时修复或更换。

2.6.7　配电变压器温度计

缺陷图片	标准图片

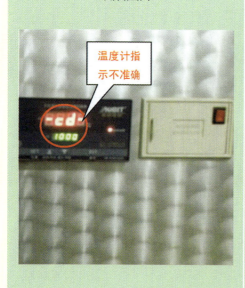

温度计指示不准确

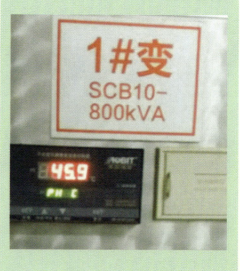

1#变
SCB10-
800kVA

缺陷内容	温度计指示不正确。
参考依据	《电力变压器运行规程》（DL/T 572—2021）第 6.1.4 条规定：变压器油温及温度计应正常。
建议整改措施	发现温度计指示不准确或看不清楚，应及时检修或更换。

2.7	开关柜
2.7.1	开关柜开关

缺陷图片	标准图片

缺陷内容	开关污秽严重，表面有放电痕迹。
参考依据	开关本体应整洁，表面无污秽。 《气体绝缘金属封闭开关设备运行维护规程》（DL/T 603—2017）第6.2.1条规定：所有设备外观应清洁，标志清晰、完善。
建议整改措施	（1）对表面严重放电的开关，应及时清洁检修，必要时进行更换。 （2）平时定期开展例行试验，开展带电开关柜局放测试，若因受潮造成放电严重的，开展防潮整治工作，如加装除湿机、增强排风、土建防潮整治等。

2.7.1		开关柜开关
缺陷图片		标准图片

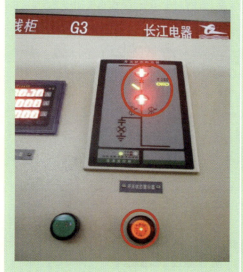 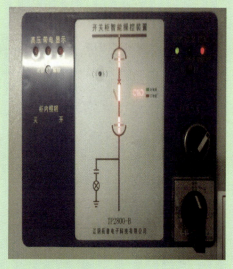

缺陷内容	分合闸位置指示同时显示，状态指示异常。
参考依据	《气体绝缘金属封闭开关设备运行维护规程》（DL/T 603—2017）第 6.2.1 条规定：各开关分、合指示及动作正确，并与当时实际运行工况相符。
建议整改措施	及时检查处理，必要时进行更换。

2.7.1　　　　　　　　　　　　开关柜开关

缺陷图片	标准图片

缺陷内容	有凝露、潮湿现象。
参考依据	《高压/低压预装式变电站》（DL/T 537—2018）第5.105.6 条规定：变电站的开关设备的隔室应装设适当的驱潮装置，以防止因凝露而影响电器元件的绝缘性能和对金属材料的锈蚀。
建议整改措施	开关设备有凝露、潮湿等痕迹，应及时检查处理，受潮放电严重的，开展防潮整治工作，如加装除湿机、增强排风、土建防潮整治。

2.7.1   开关

缺陷图片	标准图片

缺陷内容	气压表在闭锁区域范围。
参考依据	《气体绝缘金属封闭开关设备运行维护规程》（DL/T 603—2017）第6.2.1条规定：检查压力表和液压机构油位计的指针，应位于正常压力区域或正常油位范围。
建议整改措施	开关气压表在闭锁区域范围时，应及时检查处理，添加SF$_6$气体；对情况严重的，整体更换开关。

2.7.2 避雷器

缺陷图片

标准图片

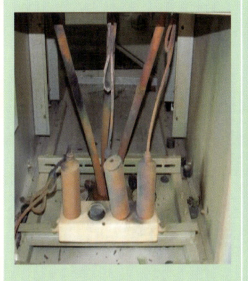 

缺陷内容	表面有放电痕迹。
参考依据	开关柜内避雷器应整洁，表面无污秽。 详见《金属氧化物避雷器状态检修导则》（DL/T 1702—2017）表 2、附录 A 规定。
建议整改措施	发现有放电痕迹及时停电更换。

10kV 电力用户现场

2.7.2　　　　　　　　　　　　　　　　　避雷器

缺陷图片	标准图片
	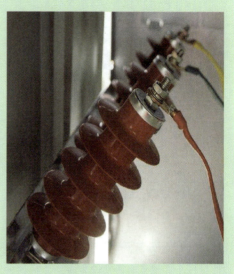

缺陷内容	有裂纹或破损。
参考依据	开关柜内避雷器应完整，无明显破损痕迹。 详见《金属氧化物避雷器状态检修导则》（DL/T 1702—2017）表 1、附录 A 规定。
建议整改措施	通过开关柜局放等检测手段及时发现放电缺陷，发现有破损痕迹及时停电更换。

2.7.3　　　　　　　　　　　熔断器

缺陷图片　　　　　　　　　　　标准图片

缺陷内容	熔断器破损、有放电痕迹。
参考依据	熔断器外观应良好，无放电痕迹。 参见《架空绝缘配电线路施工及验收规程》（DL/T 602—1996）第 8.2 条规定。
建议整改措施	（1）发现严重破损的熔断器，及时安排更换。 （2）开展设备红外测温、开关柜局放检测，及时发现设备缺陷。

2.7.4　　　　　　　　　　温湿度控制器

缺陷图片	标准图片
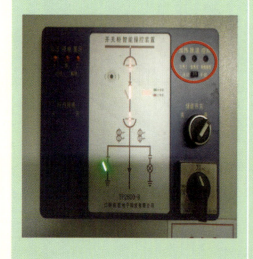	

缺陷内容	温湿度控制器无指示。
参考依据	温湿度控制器操作正常，面板指示正常，能够正确显示温度、湿度及工作状态。 详见《变电站运行导则》（DL/T 969—2005）第6.8.2条规定。
建议整改措施	对温湿度控制器进行通、断电检查，检查数字显示、状态显示是否存在异常；对无法运行的温湿度控制器进行更换处理。

2.7.5　　　　　　　　　　　　辅助部件

缺陷图片	标准图片
	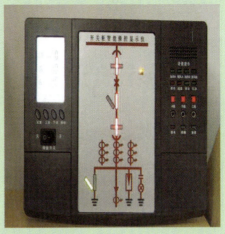

缺陷内容	带电显示器显示异常。
参考依据	《变电站运行导则》（DL/T 969—2005）第6.8.2.1条规定：开关柜上指示灯、带电显示器指示应正常。 《高压带电显示装置》（GB/T 25081—2010）第5.3条规定。
建议整改措施	检查带电指示器工作情况，对运行不正常的及时进行更换。

2.8	电缆
2.8.1	电缆管沟

缺陷图片	标准图片

缺陷内容	电缆井盖缺失、破损、不平整。
参考依据	《电气装置安装工程 电缆线路施工及验收规范》（GB 50168—2018）第 9.0.1 条规定：电缆沟内应无杂物、积水，盖板应齐全。
建议整改措施	发现井盖不平整、有破损，缝隙过大应尽快安排修补完好。

2.8.1 电缆管沟

缺陷图片

标准图片

缺陷内容	电缆头、中间接头无相关标识，无电缆走向及中间接头位置无标识。
参考依据	《电气装置安装工程电缆线路施工及验收规范》（GB 50168—2018）第6.1.17条规定：电缆敷设时应排列整齐，不宜交叉，并应及时装设标识牌。
建议整改措施	（1）电缆标识牌应清晰、明确，应包含线路起点、终点、型号等基本参数； （2）发现标识牌缺失，应及时进行补设。

2.8.1　　　　　　　　　　　　　　电缆管沟

缺陷图片　　　　　　　　　　　　标准图片

 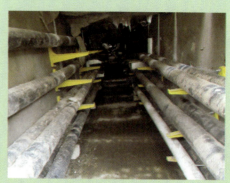

缺陷内容	电缆沟内有杂物，电缆敷设未上架。
参考依据	电缆沟内应无杂物，电缆应整齐敷设在支架上。 详见《电气装置安装工程电缆线路施工及验收规范》（GB 50168—2018）第 6.1 条、第 6.4 条、第 9.0.1 条规定。
建议整改措施	发现电缆沟道内积水或杂物应及时进行抽水、清理电缆井等处理措施，消除安全隐患，电缆应上支架。

130

2.8.2   电缆本体

缺陷图片	标准图片

缺陷内容	电缆有外力破坏。
参考依据	详见《电气装置安装工程电缆线路施工及验收规范》（GB 50168—2018）第3章、第6章、第7章规定。
建议整改措施	（1）发现电缆被外力破坏造成损伤时，应立即组织人员对电缆进行处理或者更换。 （2）加强日常监控和巡视。

2.8.2	电缆本体
缺陷图片	标准图片

缺陷内容	电缆外护层被盗或破损。
参考依据	电缆外护套应完好无破损、无变形。 详见《电气装置安装工程电缆线路施工及验收规范》（GB 50168—2018）第 7.1 条、第 7.2 条规定。
建议整改措施	发现内、外护套破损、变形应及时恢复。

2.8.2   电缆本体

缺陷图片	标准图片

缺陷内容	电缆通道深度不足。
参考依据	《电气装置安装工程电缆线路施工及验收规范》(GB 50168—2018)第6.2条规定:直埋电缆时,深度不小于0.7m,穿越农田、车行道下时,深度不小于1m。
建议整改措施	应对埋设深度较浅的电缆线路采取必要的保护措施,缩短巡视周期,发现问题及时处理。

2.8.3   电缆终端

缺陷图片	标准图片

缺陷内容	表面有放电痕迹。
参考依据	《电力电缆线路运行规程》（DL/T 1253—2013）第7.2.4 条规定：检查电缆终端表面有无放电、污秽现象。
建议整改措施	发现有放电现象，应查明原因，及时安排处理。

2.9	环网柜
2.9.1	开关本体

缺陷图片	标准图片

缺陷内容	标志不清。
参考依据	《气体绝缘金属封闭开关设备运行维护规程》（DL/T 603—2017）第6.2.1条规定：所有设备外观应清洁，标志清晰、完善。
建议整改措施	补齐标志，定期清洁。

2.9.1	开关本体
缺陷图片	标准图片

缺陷内容	污秽较为严重。
参考依据	《气体绝缘金属封闭开关设备运行维护规程》（DL/T 603—2017）第6.2.1条规定：所有设备外观应清洁，标志清晰、完善。
建议整改措施	结合环网柜停电检修，开展环网柜污秽清扫工作。

2.9.1   开关本体

缺陷图片   标准图片

缺陷内容	有凝露、潮湿现象。
参考依据	《高压/低压预装式变电站》（DL/T 537—2018）第5.105.6 条规定：变电站的开关设备的隔室应装设适当的驱潮装置，以防止因凝露而影响电器元件的绝缘性能和对金属材料的锈蚀。
建议整改措施	（1）对凝露较多设备加强巡视。 （2）及时采取装设除湿器等除湿措施。

2.9.2 泄压通道

缺陷图片	标准图片

缺陷内容	无独立的泄压通道。
参考依据	环网柜本体及环网柜土建基础均应预留泄压通道，土建部分不能阻挡环网柜本体的泄压通道。 参见《电力电缆线路运行规程》（DL/T 1253—2013）规定。
建议整改措施	无泄压通道的环网柜，结合环网柜更换改造工程，新建满足要求的环网柜基础。

2.9.3 故障指示器

缺陷图片	标准图片

缺陷内容	故障指示器指示灯无法显示。
参考依据	（1）环网柜各回路均应配置短路型、接地短路型的故障指示器，自检正常，电池正常。 （2）各类仪器仪表指示正确，带电指示器应指示正常。 参见《高压带电显示装置》（GB/T 25081—2010）第5.3 条规定。
建议整改措施	对故障指示器进行自检和电池检查，对不能正常运行的故障指示器及时更换。

2.10	构筑物及外壳
2.10.1	外壳

缺陷图片	标准图片

缺陷内容	有明显裂纹、破损、脱落，关闭不严。
参考依据	环网柜、户外箱式变压器、开关柜等外观应整洁，无明显裂痕和破损。 参见《20kV 及以下变电所设计规范》（GB 50053—2013）第6.2条规定。
建议整改措施	发现柜门裂纹或脱落应及时更换外壳。

2.10.2   柜体

缺陷图片   标准图片

缺陷内容	封堵不严。
参考依据	《20kV 及以下变电所设计规范》（GB 50053—2013）第 6.2.4 条规定：变压器室、配电室、电容器室等房间应设置防止雨、雪和蛇、鼠等小动物从采光窗、通风窗、门、电缆沟等处进入室内的设施。
建议整改措施	发现柜体有孔洞封堵不严的，须及时封堵完毕。

2.10.3　　　　　　　　　　　　　　　　　屋顶

缺陷图片	标准图片

缺陷内容	有漏水、渗水现象。
参考依据	《20kV 及以下变电所设计规范》（GB 50053—2013）第 6.2.10 条规定：设置在地下的变电站的顶部位于室外地面或绿化土层下方时，应避免顶部滞水，并应采取避免积水、渗漏的措施。
建议整改措施	发现有漏水、渗水现象应加装临时隔绝装置，同时开展屋顶整治。

2.10.4　　　　　　　　　　　　窗户及纱窗

缺陷图片　　　　　　　　　　　　标准图片

缺陷内容	窗户及纱窗有破损。
参考依据	《20kV 及以下变电所设计规范》（GB 50053—2013）第 6.2.4 条规定：变压器室、配电室、电容器室等房间应设置防止雨、雪和蛇、鼠等小动物从采光窗、通风窗、门、电缆沟等处进入室内的设施。
建议整改措施	窗户及纱窗有破损，应及时封堵或更换。

2.10.5　　　　　　　　　　　　　防小动物措施

缺陷图片　　　　　　　　　　　　标准图片

缺陷内容	防小动物措施不完善，无防鼠挡板。
参考依据	《20kV 及以下变电所设计规范》（GB 50053—2013）第 6.2.4 条规定：变压器室、配电室、电容器室等房间应设置防止雨、雪和蛇、鼠等小动物从采光窗、通风窗、门、电缆沟等处进入室内的设施。
建议整改措施	发现防鼠挡板破损或缺失，应及时更换或补充。

2.10.6   运行通道

缺陷图片   标准图片

缺陷内容	通道内违章建筑及堆积物影响设备安全运行。
参考依据	《电力设施保护条例》第 15 条规定：任何单位、个人在电力电缆保护区内不得堆放垃圾，兴建建筑物、构筑物。
建议整改措施	按周期开展巡视，发现有障碍堵塞运行通道时，应及时清理障碍物，保持运行通道畅通，并开展小区内宣传。

2.10.7   照明装置

缺陷图片	标准图片

缺陷内容	照明装置故障（应急照明）。
参考依据	《建筑照明设计标准》（GB 50034—2024）第3.1.2条规定：室内工作及相关辅助场所，均应设置正常照明。
建议整改措施	发现照明装置故障应及时更换。

2.10.8 排风装置

缺陷图片

标准图片

通风不足缺少
强排风装置

缺陷内容	缺少强排风装置。
参考依据	《20kV 及以下变电所设计规范》（GB 50053—2013）第 6.3.4 条规定：配电室宜采用自然通风。设置在地下或地下室的变、配电所，宜装设除湿、通风换气设备；控制室和值班室宜设置空气调节设施。
建议整改措施	应及时加装排风装置保障设备安全运行。

2.10.9   除湿装置

缺陷图片   标准图片

缺陷内容	除湿指示装置异常。
参考依据	《20kV及以下变电所设计规范》（GB 50053—2013）第6.3.4条规定：配电室宜采用自然通风。设置在地下或地下室的变、配电所，宜装设除湿、通风换气设备；控制室和值班室宜设置空气调节设施。
建议整改措施	（1）除湿装置应使用冷凝式除湿器，不宜采用加热式除湿器，除湿器应运行正常。 （2）发现除湿装置有异常应及时维修或更换。

2.11	其他
2.11.1	接地

缺陷图片	标准图片

缺陷内容	接地锈蚀。
参考依据	《交流电气装置的接地设计规范》（GB/T 50065—2011）第 8.1.2 条规定：对接地极的材料和尺寸的选择，应使其耐腐蚀又具有适当的机械强度。耐腐蚀和机械强度要求的埋入土壤中常用材料接地极的最小尺寸，应符合表 8.1.2 的规定。有防雷装置时，应符合现行国家标准《建筑物防雷设计规范》（GB 50057—2010）的有关规定。
建议整改措施	对接地体进行除锈。锈蚀面大于截面直径或厚度 30% 的，应重新制作接地装置。

2.11.1	接地
缺陷图片	标准图片

缺陷内容	出现断开、断裂或连接松动、接地不良。
参考依据	《交流电气装置的接地设计规范》（GB/T 50065—2011）第 8.1.2 条规定：对接地极的材料和尺寸的选择，应使其耐腐蚀又具有适当的机械强度。耐腐蚀和机械强度要求的埋入土壤中常用材料接地极的最小尺寸，应符合表8.1.2 的规定。有防雷装置时，应符合现行国家标准《建筑物防雷设计规范》（GB 50057—2010）的有关规定。
建议整改措施	发现接地引下装置松动、断开、断裂等情况，应及时焊接紧固，并采取防腐措施。

2.11.1　　　　　　　　　　　　　　　接地

缺陷图片	标准图片

缺陷内容	接地体截面积不符合标准要求。
参考依据	《交流电气装置的接地设计规范》（GB/T 50065—2011）第 8.1.2 条规定：对接地极的材料和尺寸的选择，应使其耐腐蚀又具有适当的机械强度。耐腐蚀和机械强度要求的埋入土壤中常用材料接地极的最小尺寸，应符合表 8.1.2 的规定。有防雷装置时，应符合现行国家标准《建筑物防雷设计规范》（GB 50057—2010）的有关规定。
建议整改措施	发现接地引下线截面不满足运行要求的应及时进行更换。

2.11.2	标识
缺陷图片	标准图片

缺陷内容	设备标识、警示标识缺失或错误。
参考依据	《高压电力用户用电安全》（GB/T 31989—2015）第8.4.1条规定：电气设备标识应清晰、完整、正确，并与模拟图板、自动化监控系统、运行资料等保持一致。
建议整改措施	线路及设备的现场标识牌、警示牌缺损时应及时补充。

2.11.3 　　　　　　　　　　　配电箱

缺陷图片	标准图片

缺陷内容	接线端子压接不规范。
参考依据	《1kV 及以下配线工程施工与验收规范》（GB 50575—2010）第 5.1.3 条规定：多股铝芯线和截面大于 2.5mm² 的多股铜芯线的终端，除设备自带插接式端子外，应焊接或压接端子后再与设备、器具的端子连接。
建议整改措施	采用电缆鼻子压接方式接线。

2.11.4		制度
缺陷图片		标准图片

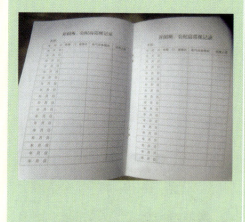

缺陷内容	线路、设备未按周期性开展巡视。
参考依据	《高压电力用户用电安全》（GB/T 31989—2015）第8.4.8条规定：用户变（配）电站应配备有关标准、规程以及图纸、图表、记录、设备台账等技术管理资料。
建议整改措施	按照《高压电力用户用电安全》（GB/T 31989—2015）标准整改。

2.11.4 制度

缺陷图片	标准图片
	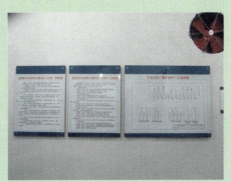

缺陷内容	无运维、检修相关管理制度，无一次接线图，站房内无上墙制度。
参考依据	《高压电力用户用电安全》（GB/T 31989 —2015）8.4.8 条规定：用户变（配）电站应配备有关标准、规程以及图纸、图表、记录、设备台账等技术管理资料。
建议整改措施	配备完整的运维、检修相关管理制度，站房内应配置定置图、巡视制度、管理制度和一次接线图。

2.11.5	绝缘胶垫
缺陷图片	标准图片

缺陷内容	配电屏前后无绝缘胶垫。
参考依据	参见《耐火材料生产安全规程》（AQ 2023－2008）第 8.1.2.2 条规定：配电屏周围地面应铺设绝缘板。配电室和控制站应备有绝缘手套、绝缘笔和绝缘杆，应保持定期检验，同时还应按有关规定配置消防器材。
建议整改措施	配电屏前后方等存在电气操作的位置，均应铺设绝缘胶垫。

第 3 章

设计部分

3.1	避雷器

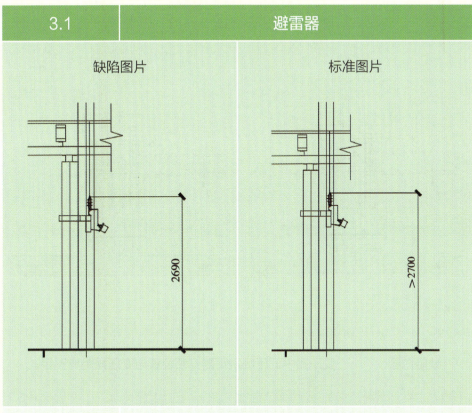

| 缺陷图片 | 标准图片 |

缺陷内容	避雷器对地距离不足。
参考依据	《3~110kV 高压配电装置设计规范》（GB 50060 — 2008）第 5.1.2 条规定：屋外 10kV 无遮栏裸导体至地面之间距离不应小于 2.7m。
建议整改措施	校核图纸，确保安全距离满足要求。

3.1	避雷器

缺陷图片	标准图片

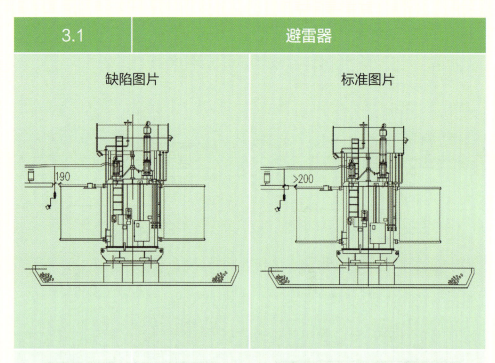

缺陷内容	变压器中低压侧避雷器安装位置与变压器距离不足。
参考依据	《3~110kV 高压配电装置设计规范》（GB 50060—2008）第 5.1.2 条规定：屋外 10kV 带电部分至接地部分之间距离不小于 0.2m。
建议整改措施	优化设计，细化安装尺寸，确保设备安装后的安全距离满足要求。

3.2	隔离开关

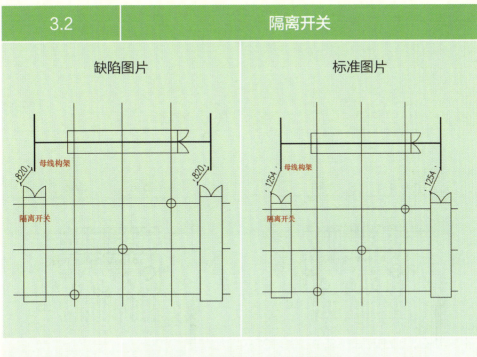

	缺陷图片	标准图片

缺陷内容	隔离开关打开后与构筑物安全距离不足。
参考依据	《3~110kV 高压配电装置设计规范》（GB 50060—2008）第 5.1.2 条规定：110kV 中性点有效接地系统屋外 110kV 带电部分至接地部分之间距离不小于 0.9m。
建议整改措施	开关类设备需校核打开后的安全净距满足安全距离。

| 3.3 | 户外照明装置、摄像头 |

缺陷图片	标准图片
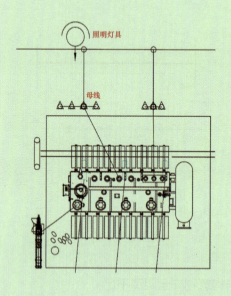	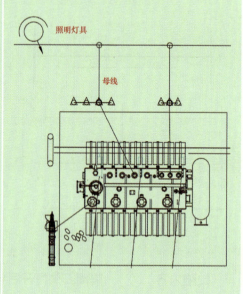

缺陷内容	户外照明装置、摄像头安装于设备或母线上方，与母线或设备水平距离不足。
参考依据	《建筑电气照明施工与验收规范》（GB 50617—2010）第 4.1.5 条规定：变电所内，高低压配电设备及裸母线正上方不应安装灯具，灯具与裸母线的水平净距不应小于 1m。
建议整改措施	户外照明装置、摄像头不得安装于设备或母线上方，且与母线或设备距离应满足要求。

3.4	电缆

缺陷图片

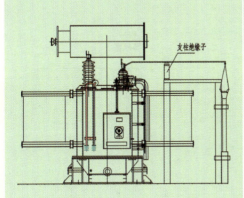

标准图片

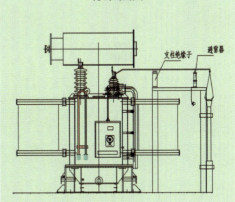

缺陷内容	变压器绕组出线侧采用电缆接线时未装设避雷器。
参考依据	《交流电气装置的过电压保护和绝缘配合设计规范》（GB 50064 —2014）第 5.4.8 条第 4 款规定：6kV~35kV 变压器应在所有绕组出线上或在离变压器电气距离不大于 5m 条件下装设 MOA。
建议整改措施	在变压器所有绕组出线上或在离变压器电气距离不大于 5m 内加设避雷器。

3.5	引下线

缺陷图片	标准图片

缺陷内容	门型架爬梯带电作业情况下与架空线路裸导线电气距离不足。
参考依据	《110kV~750kV 架空输电线路设计规范》（GB 50545—2010）第 7.0.10 条规定：110kV 海拔 1000m 及以下地区，带电部分对杆塔与接地部分的校验间隙为 1.0m，考虑人体带电作业时的活动范围 0.5m，门型架爬梯带电作业情况下与架空线路裸导线电气距离宜大于 1.5m。
建议整改措施	线路终端塔至变电站门型架的架空线路夹角过大时不满足构架带电作业电气距离，应校核调整夹角或采取电缆方式以满足安全距离要求。

3.6	事故排风机

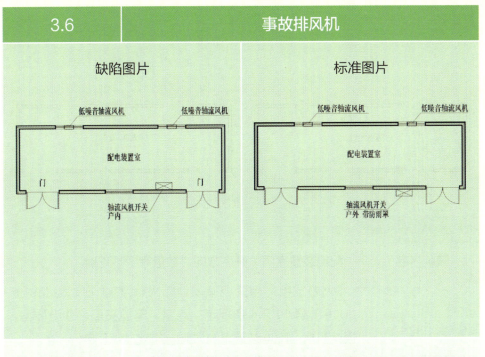

| 缺陷图片 | 标准图片 |

缺陷内容	风机开关未设置于发生火灾时能安全方便切断的位置。
参考依据	《火力发电厂与变电站设计防火规范》（GB 50229－2019）第 8.3.1 条规定：油断路器室应设置事故排风系统，通风量应按换气次数不小于每小时 12 次计算。火灾时，通风系统电源开关应能自动切断。
建议整改措施	按规范要求配电室中安装有断路器室应设置事故排风设备，其电源开关设置应在火灾发生时自动切断。

3.7	配电装置室门

缺陷图片	标准图片

缺陷内容	配电装置室门（开启方向、数量等）不正确。
参考依据	《火力发电厂与变电站设计防火标准》（GB 50229—2019）第 11.2.4 条规定：池室、电缆夹层、继电器室、通信机房、配电装置室的门应向疏散方向开启； 《火力发电厂与变电站设计防火标准》（GB 50229—2019）第 11.2.5 条规定：建筑面积超过 250 平方米的主控通信室、配电装置室、电容器室、电缆夹层，其疏散出口不宜少于 2 个； 《20kV 及以下变电所设计规范》（GB 50053—2013）第 6.2.6 条规定：长度大于 7m 的配电室应设两个安全出口，并宜布置在配电室的两端。当配电室的长度大于 60m 时，宜增加一个安全出口，相邻安全出口之间的距离不应大于 40m。当变电所采用双层布置时，位于楼上的配电室应至少设一个通向室外的平台或通向变电所外部通道的安全出口。
建议整改措施	按规范要求设置。

3.8	箱式变压器

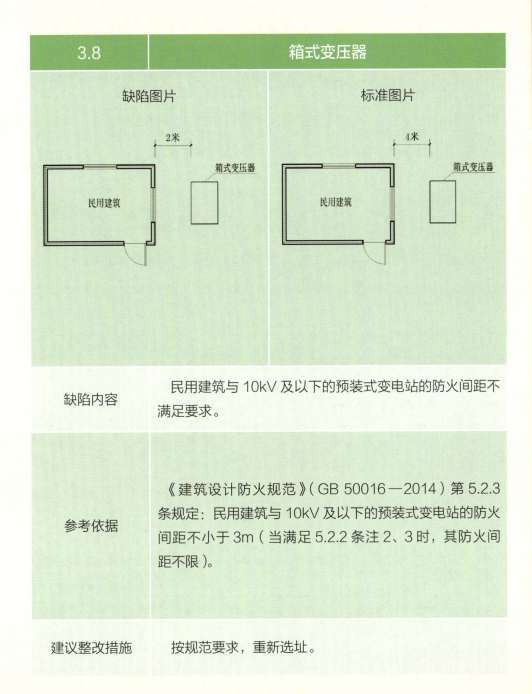

缺陷内容	民用建筑与 10kV 及以下的预装式变电站的防火间距不满足要求。
参考依据	《建筑设计防火规范》（GB 50016—2014）第 5.2.3 条规定：民用建筑与 10kV 及以下的预装式变电站的防火间距不小于 3m（当满足 5.2.2 条注 2、3 时，其防火间距不限）。
建议整改措施	按规范要求，重新选址。

第 4 章

试验部分

4.1	工程资质

缺陷图片	标准图片

缺陷内容	无电气试验相关资质或相关资质等级不符合要求。
参考依据	《承装（修、试）电力设施许可证管理办法》（国家发改委第 36 号令）第四条规定：任何单位或者个人未取得许可证，不得从事承装、承修、承试电力设施活动。
建议整改措施	电气试验须经具备相应资质等级的单位进行试验，试验完成后出具试验报告。

4.2	10kV 开关

缺陷图片

真空断路器试验报告

站　　名	110kVXX变电站		运行编号	10kVXX开关	
试验日期	XXXX-XX-XX		环境温度	XX℃	
试验负责人	XXX		环境湿度	XX%	
试验人员	XXX		试验性质	预试	

1. 铭牌

型　　号	XXX		额定电压(kV)	10	
出厂编号	XXX		额定电流(A)	XXX	
出厂日期	XXX		额定开断电流(kA)	XXX	
生产厂家	XXX				

2. 断路器绝缘电阻

试验部位	A		B		C
合闸对地 (MΩ)	200		200		200
分闸断口间 (MΩ)	200		200		200
试验仪器	数字兆欧表MODEL3125				

3. 导电回路电阻

试验部位	A		B		C
回路电阻 (μΩ)	80		90		85
试验仪器	回路电阻测试仪5100				

4. 机械特性试验

试验部位	A	B	C	不同期
合闸时间 (ms)	50.25	56.13	55.78	5.88
分闸时间 (ms)	25.62	25.61	21.55	4.07
试验仪器	高压开关动特性测试仪GKC-6			

5. 交流耐压

试验部位	A		B		C
合闸 (kV/1min)	20		20		20
分闸 (kV/1min)	20		20		20
试验仪器	试验变压器YDQ-5kVA/100kV				

备　注	回路电阻出厂值40μΩ
结　论	不合格

标准图片

真空断路器试验报告

站　　名	110kVXX变电站		运行编号	10kVXX开关	
试验日期	XXXX-XX-XX		环境温度	XX℃	
试验负责人	XXX		环境湿度	XX%	
试验人员	XXX		试验性质	预试	

1. 铭牌

型　　号	XXX		额定电压(kV)	10	
出厂编号	XXX		额定电流(A)	XXX	
出厂日期	XXX		额定开断电流(kA)	XXX	
生产厂家	XXX				

2. 断路器绝缘电阻

试验部位	A		B		C
合闸对地 (MΩ)	13000		14000		13000
分闸断口间 (MΩ)	13000		14000		13000
试验仪器	数字兆欧表MODEL3125				

3. 导电回路电阻

试验部位	A		B		C
回路电阻 (μΩ)	35		36		35
试验仪器	回路电阻测试仪5100				

4. 机械特性试验

试验部位	A	B	C	不同期
合闸时间 (ms)	55.25	56.13	55.78	0.88
分闸时间 (ms)	25.62	25.61	25.55	0.07
试验仪器	高压开关动特性测试仪GKC-6			

5. 交流耐压

试验部位	A		B		C
合闸 (kV/1min)	42		42		42
分闸 (kV/1min)	42		42		42
试验仪器	试验变压器YDQ-5kVA/100kV				

备　注	回路电阻出厂值40μΩ
结　论	合格

缺陷内容

（1）绝缘电阻不合格；

（2）回路电阻值超标；

（3）机械特性不同期超标；

（4）交流耐压未通过。

参考依据	《电力设备预防性试验规程》（DL/T 596—2021）第 9.5 条表 26 规定： 　1. 绝缘电阻：整体绝缘电阻参照产品技术文件要求，运行中设备绝缘电阻 ≥ 300MΩ； 　2. 交流耐压：断路器在分、合闸状态下分别进行，试验电压值按 DL/T 593 规定值； 　3. 机械特性：分、合闸时间，分、合闸的同期性，应符合产品技术文件要求； 　4. 回路电阻：阻值不大于 1.1 倍出厂值，且应符合产品技术文件规定值。
建议整改措施	大修、小修或更换。

4.3	35kV 开关

缺陷图片

35kV真空断路器试验报告

站　名	110kVXX变电站	运行编号	35kVXX开关
试验日期	XXXX-XX-XX	环境温度	XX℃
试验负责人	XXX	环境湿度	XX%
试验人员	XXX	试验性质	预试

1. 铭牌

型　号	XXX	额定电压(kV)	40.5
出厂编号	XXX	额定电流(A)	XXX
出厂日期	XXX	额定开断电流(kA)	XX
生产厂家	XXX		

2. 断路器绝缘电阻

试验部位	A	B	C
合闸对地 (MΩ)	900	900	900
分闸断口间 (MΩ)	900	900	900
试验仪器	数字兆欧表MODEL3125		

3. 导电回路电阻

试验部位	A	B	C
回路电阻 (μΩ)	85	86	79
试验仪器	回路电阻测试仪5100		

4. 机械特性试验

试验部位	A	B	C	不同期
合闸时间 (ms)	66.23	60.31	66.79	6.48
分闸时间 (ms)	30.54	31.77	36.89	6.35
试验仪器	高压开关动特性测试仪GKC-6			

5. 交流耐压

试验部位	A	B	C
合闸 (kV/1min)	40	40	40
分闸 (kV/1min)	40	40	40
试验仪器	试验变压器YDQ-5kVA/100kV		

备　注	回路电阻出厂值40μΩ
结　论	不合格

标准图片

35kV真空断路器试验报告

站　名	110kVXX变电站	运行编号	35kVXX开关
试验日期	XXXX-XX-XX	环境温度	XX℃
试验负责人	XXX	环境湿度	XX%
试验人员	XXX	试验性质	预试

1. 铭牌

型　号	XXX	额定电压(kV)	40.5
出厂编号	XXX	额定电流(A)	XXX
出厂日期	XXX	额定开断电流(kA)	XX
生产厂家	XXX		

2. 断路器绝缘电阻

试验部位	A	B	C
合闸对地 (MΩ)	13000	14000	13000
分闸断口间 (MΩ)	13000	14000	13000
试验仪器	数字兆欧表MODEL3125		

3. 导电回路电阻

试验部位	A	B	C
回路电阻 (μΩ)	35	36	35
试验仪器	回路电阻测试仪5100		

4. 机械特性试验

试验部位	A	B	C	不同期
合闸时间 (ms)	66.23	66.31	66.79	0.48
分闸时间 (ms)	30.54	31.77	31.89	1.35
试验仪器	高压开关动特性测试仪GKC-6			

5. 交流耐压

试验部位	A	B	C
合闸 (kV/1min)	95	95	95
分闸 (kV/1min)	95	95	95
试验仪器	试验变压器YDQ-5kVA/100kV		

备　注	回路电阻出厂值40μΩ
结　论	合格

缺陷内容

（1）绝缘电阻不合格；

（2）回路电阻值超标；

（3）机械特性不同期超标；

（4）交流耐压未通过。

参考依据	《电力设备预防性试验规程》（DL/T 596—2021）第 9.5 条表 26 规定： 　1. 绝缘电阻：整体绝缘电阻参照产品技术文件要求，运行中设备绝缘电阻 ≥ 1000MΩ。 　2. 交流耐压：断路器在分、合闸状态下分别进行，试验电压值按 DL/T 593 规定值。 　3. 机械特性：分、合闸时间，分、合闸的同期性，应符合产品技术文件要求。 　4. 回路电阻：阻值不大于 1.1 倍出厂值，且应符合产品技术文件规定值。
建议整改措施	大修、小修或更换。

4.4	110kV 开关

缺陷图片	标准图片

缺陷图片：

110kVSF₆断路器试验报告

站　名	110kVXXX变电站	运行编号	110kVXXX开关
试验日期	XXXX-XX-XX	环境温度	XX℃
试验负责人	XXX	环境湿度	XX%
试验人员	XXX	试验性质	预试

1. 铭牌参数

型　号	XXX	额定电压(kV)	126
出厂序号	XXX	额定电流(A)	XXX
出厂日期	XXX	额定开断电流(kA)	XXX
生产厂家	XXX		

2. 导电回路电阻

	A	B	C
回路电阻(μΩ)	100	105	100
试验仪器	回路电阻测试仪5100		

3. 机械特性试验

	A	B	C	不同期
合闸时间（ms）	69.1	62.4	69.2	6.8
分闸时间（ms）	32.4	38.5	32.7	6.1
试验仪器	高压开关动特性测试仪GKC-6			
备注	回路电阻出厂值40uΩ			
结论	不合格			

标准图片：

110kVSF₆断路器试验报告

站　名	110kVXXX变电站	运行编号	110kVXXX开关
试验日期	XXXX-XX-XX	环境温度	XX℃
试验负责人	XXX	环境湿度	XX%
试验人员	XXX	试验性质	预试

1. 铭牌参数

型　号	XXX	额定电压(kV)	126
出厂序号	XXX	额定电流(A)	XXX
出厂日期	XXX	额定开断电流(kA)	XXX
生产厂家	XXX		

2. 导电回路电阻

	A	B	C
回路电阻(μΩ)	35	35	36
试验仪器	回路电阻测试仪5100		

3. 机械特性试验

	A	B	C	不同期
合闸时间（ms）	69.1	69.4	69.2	0.3
分闸时间（ms）	32.4	31.5	32.7	1.2
试验仪器	高压开关动特性测试仪GKC-6			
备注	回路电阻出厂值40uΩ			
结论	合格			

缺陷内容	（1）回路电阻值超标； （2）机械特性不同期超标。
参考依据	《电力设备预防性试验规程》（DL/T 596—2021）第9.2条表24规定： 　1. 回路电阻：回路电阻不得超过出厂试验值的110%，且不超过产品技术文件规定值。 　2. 机械特性：分合闸时间、三相不同期性应符合产品技术文件要求，除制造厂另有规定外，断路器的分、合闸同期性应满足相间合闸不同期不大于5ms，相间分闸不同期不大于3ms。
建议整改措施	大修、小修或更换。

4.5	10kV 电流互感器

缺陷图片

10kV电流互感器试验报告

站　名	110kVXXX变电站		运行编号	10kVXXX电流互感器	
试验日期	XXXX-XX-XX		环境温度	XX℃	
试验负责人	XXX		环境湿度	XX%	
试验人员	XXX		试验性质	预试	

1. 铭牌

相序	型　号	出厂编号	出厂日期	生产厂家
A	XXX	XXX	XXX	XXX
B	XXX	XXX	XXX	XXX
C	XXX	XXX	XXX	XXX

2. 绝缘电阻

相别	A	B	C
一次绕组对地	800	800	820
二次绕组间及对地	780	790	780
试验仪器	数字兆欧表MODEL3125		

3. 交流耐压

试验电压 (kV/0.7min)	A	B	C
一次绕组对地	30	30	30
二次绕组间及对地	1.6	1.6	1.6
试验仪器	试验变压器YDQ-5kVA/50kV		
备注	出厂耐压试验值为42kV/1min		
结论	不合格		

标准图片

10kV电流互感器试验报告

站　名	110kVXXX变电站		运行编号	10kVXXX电流互感器	
试验日期	XXXX-XX-XX		环境温度	XX℃	
试验负责人	XXX		环境湿度	XX%	
试验人员	XXX		试验性质	预试	

1. 铭牌

相序	型　号	出厂编号	出厂日期	生产厂家
A	XXX	XXX	XXX	XXX
B	XXX	XXX	XXX	XXX
C	XXX	XXX	XXX	XXX

2. 绝缘电阻

相别	A	B	C
一次绕组对地	5000	5000	5000
二次绕组间及对地	4000	4000	4000
试验仪器	数字兆欧表MODEL3125		

3. 交流耐压

试验电压 (kV/1min)	A	B	C
一次绕组对地	33.6	33.6	33.6
二次绕组间及对地	2	2	2
试验仪器	试验变压器YDQ-5kVA/50kV		
备注	出厂耐压试验值为42kV/1min		
结论	合格		

缺陷内容	（1）绝缘不合格； （2）交流耐压未通过，耐压时间和电压值都不符合规程要求。
参考依据	《电力设备预防性试验规程》（DL/T 596—2021）第8.1.4 条表 14 规定： 　1.绝缘电阻：1）一次绕组对地 ≥ 1000MΩ；2）二次绕组间及对地：≥ 1000MΩ。 　2.交流耐压：1）一次绕组按出厂试验值的 80% 进行；2）二次绕组之间及对地为 2kV。
建议整改措施	大修、小修或更换。

4.6	35kV 电流互感器

缺陷图片	标准图片

缺陷图片：

35kV电流互感器试验报告

站　名	110kV XXX变电站	运行编号	35kV XXX电流互感器
试验日期	XXXX-XX-XX	环境温度	XX℃
试验负责人	XXX	环境湿度	XX%
试验人员	XXX	试验性质	预试

1. 铭牌

相　序	型　号	出厂编号	出厂日期	生产厂家
A	XXX	XXX	XXX	XXX
B	XXX	XXX	XXX	XXX
C	XXX	XXX	XXX	XXX

2. 绝缘电阻

相别	A	B	C
一次绕组对地	910	920	910
二次绕组间及对地	890	880	890
试验仪器	数字兆欧表MODEL3125		

3. 交流耐压

试验电压(kV/1min)	A	B	C
一次绕组对地	66	66	66
二次绕组间及对地	1.6	1.6	1.6
试验仪器	试验变压器YDQ-5kVA/100kV		
备注	出厂耐压试验值为95kV/1min		
结论	不合格		

标准图片：

35kV电流互感器试验报告

站　名	110kV XXX变电站	运行编号	35kV XXX电流互感器
试验日期	XXXX-XX-XX	环境温度	XX℃
试验负责人	XXX	环境湿度	XX%
试验人员	XXX	试验性质	预试

1. 铭牌

相　序	型　号	出厂编号	出厂日期	生产厂家
A	XXX	XXX	XXX	XXX
B	XXX	XXX	XXX	XXX
C	XXX	XXX	XXX	XXX

2. 绝缘电阻

相别	A	B	C
一次绕组对地	6000	6000	6000
二次绕组间及对地	4500	4500	4500
试验仪器	数字兆欧表MODEL3125		

3. 交流耐压

试验电压(kV/1min)	A	B	C
一次绕组对地	76	76	76
二次绕组间及对地	2	2	2
试验仪器	试验变压器YDQ-5kVA/100kV		
备注	出厂耐压试验值为95kV/1min		
结论	合格		

缺陷内容	（1）绝缘不合格； （2）交流耐压未通过，试验电压值不符合规程要求。
参考依据	《电力设备预防性试验规程》（DL/T 596—2021）第8.1.4 条表 14 规定： 　1.绝缘电阻：1）一次绕组对地 ≥ 1000MΩ；2）二次绕组间及对地：≥ 1000MΩ。 　2.交流耐压：1）一次绕组按出厂试验值的 80% 进行；2）二次绕组之间及对地为 2kV。
建议整改措施	大修、小修或更换。

4.7	110kV 电流互感器

缺陷图片 / 标准图片

缺陷图片

110kV电流互感器试验报告

站　名	110kVXXX变电站		运行编号	110kVXXX 电流互感器	
试验日期	XXXX-XX-XX		环境温度	XX℃	
试验负责人	XXX		环境湿度	XX%	
试验人员	XXX		试验性质	预试	
1. 铭牌					
相序	型号	出厂编号	出厂日期	生产厂家	
A	XXX	XXX	XXX	XXX	
B	XXX	XXX	XXX	XXX	
C	XXX	XXX	XXX	XXX	
2. 绝缘电阻（MΩ）		A	B	C	
一次对地		6000	6000	6000	
一次绕组段间		8	8	8	
二次绕组间及对地		800	800	800	
末屏对地		700	700	700	
试验仪器		数字兆欧表MODEL3125			
3. 电容量及介质损耗因数					
		A	B	C	
tgδ（%）		1.207	1.213	1.366	
电容量（pF）		659.6	697.2	697.5	
电容量初值（pF）		539	577	597	
初值差（%）		22.37%	20.83%	16.83%	
末屏对地tgδ（%）			5.269		
试验仪器		全自动抗干扰精密介损测量仪AI-6000E			
备注					
结论		不合格			

标准图片

110kV电流互感器试验报告

站　名	110kVXXX变电站		运行编号	110kVXXX 电流互感器	
试验日期	XXXX-XX-XX		环境温度	XX℃	
试验负责人	XXX		环境湿度	XX%	
试验人员	XXX		试验性质	预试	
1. 铭牌					
相序	型号	出厂编号	出厂日期	生产厂家	
A	XXX	XXX	XXX	XXX	
B	XXX	XXX	XXX	XXX	
C	XXX	XXX	XXX	XXX	
2. 绝缘电阻（MΩ）		A	B	C	
一次对地		15000	15000	15000	
一次绕组段间		100	100	100	
二次绕组间及对地		3000	3000	3000	
末屏对地		3000	3000	3000	
试验仪器		数字兆欧表MODEL3125			
3. 电容量及介质损耗因数					
		A	B	C	
tgδ（%）		0.207	0.213	0.366	
电容量（pF）		539.6	577.2	597.5	
电容量初值（pF）		539	577	597	
初值差（%）		0.11%	0.03%	0.08%	
末屏对地tgδ（%）			0.012		
试验仪器		全自动抗干扰精密介损测量仪AI-6000E			
备注					
结论		合格			

缺陷内容	（1）绝缘不合格； （2）电容量及介质损耗因数不合格。
参考依据	《电力设备预防性试验规程》（DL/T 596—2021）第8.1.1 条表 11 规定： 　1. 绝缘电阻：1）一次绕组对地：≥ 10000MΩ、一次绕组段间：≥ 10MΩ；2）二次绕组间及对地：≥ 1000MΩ；3）末屏对地：≥ 1000MΩ。 　2. 电容量及介质损耗因数：1）电容型主绝缘介质损耗因数 ≤ 1%；2）电容型电流互感器主绝缘电容量与初始测量值或出厂测试值相比较不应大于 5%；3）末屏对地绝缘电阻小于 1000MΩ 时，末屏对地介质损耗因数不应大于 0.02。
建议整改措施	大修、小修或更换。

4.8	10kV 电压互感器

缺陷图片	标准图片

缺陷图片表格：

10kV电磁式电压互感器试验报告

站　名	110kVXXX变电站	运行编号		10kVXXX电压互感器
试验日期	XXXX-XX-XX	环境温度		XX°C
试验负责人	XXX	环境湿度		XX%
试验人员	XXX	试验性质		预试

1. 设备铭牌

	型　号	出厂序号	出厂日期	生产厂家
A	XXX	XXX	XXX	XXX
B	XXX	XXX	XXX	XXX
C	XXX	XXX	XXX	XXX
O	XXX	XXX	XXX	XXX

2. 绝缘电阻(MΩ)

	A	B	C	O
一次绕组对地	800	800	800	800
二次绕组间及对地	700	700	700	700
试验仪器	数字兆欧表MODEL3125			

3. 交流耐压试验

交流耐压 (kV/1min)	A	B	C	O
一次绕组对地	30	30	30	30
二次绕组间及对地	1.6	1.6	1.6	1.6
试验仪器	试验变压器TD-5kVA/100kV			
备注				
结论	不合格			

标准图片表格：

10kV电磁式电压互感器试验报告

站　名	110kVXXX变电站	运行编号		10kVXXX电压互感器
试验日期	XXXX-XX-XX	环境温度		XX°C
试验负责人	XXX	环境湿度		XX%
试验人员	XXX	试验性质		预试

1. 设备铭牌

	型　号	出厂序号	出厂日期	生产厂家
A	XXX	XXX	XXX	XXX
B	XXX	XXX	XXX	XXX
C	XXX	XXX	XXX	XXX
O	XXX	XXX	XXX	XXX

2. 绝缘电阻(MΩ)

	A	B	C	O
一次绕组对地	5000	5000	5000	5000
二次绕组间及对地	4000	4000	4000	4000
试验仪器	数字兆欧表MODEL3125			

3. 交流耐压试验

交流耐压 (kV/1min)	A	B	C	O
一次绕组对地	33.6	33.6	33.6	33.6
二次绕组间及对地	2	2	2	2
试验仪器	试验变压器TD-5kVA/100kV			
备注				
结论	合格			

缺陷内容	（1）绝缘不合格； （2）交流耐压未通过。
参考依据	《电力设备预防性试验规程》（DL/T 596－2021）第8.2.3条表18规定： 　1. 绝缘电阻：一次绕组对二次绕组及地之间的绝缘电阻、二次绕组间及对地的绝缘电阻不宜小于1000MΩ。 　2. 交流耐压：1）一次绕组按出厂值的80%进行，出厂值为42kV/1min；2）二次绕组之间及其对地的工频耐受电压为2kV。
建议整改措施	大修、小修或更换。

4.9	35kV 电压互感器

缺陷图片	标准图片

缺陷图片：

35kV电磁式电压互感器试验报告

站　　名	110kVXXX变电站		运行编号	35kVXXX电压互感器	
试验日期	XXXX-XX-XX		环境温度	XX°C	
试验负责人	XXX		环境湿度	XX%	
试验人员	XXX		试验性质	预试	

1. 设备铭牌

	型　号	出厂序号	出厂日期	生产厂家
A	XXX	XXX	XXX	XXX
B	XXX	XXX	XXX	XXX
C	XXX	XXX	XXX	XXX
O	XXX	XXX	XXX	XXX

2. 绝缘电阻(MΩ)

	A	B	C	O
一次绕组对地	800	800	800	800
二次绕组间及对地	700	700	700	700
试验仪器	数字兆欧变MODEL3125			

3. 交流耐压试验

交流耐压 (kV/1min)	A	B	C	O
一次组对地	70	70	70	70
二次组间及对地	1.6	1.6	1.6	1.6
试验仪器	试验变压器TD-5kVA/100kV			
备注				
结论	不合格			

标准图片：

35kV电磁式电压互感器试验报告

站　　名	110kVXXX变电站		运行编号	35kVXXX电压互感器	
试验日期	XXXX-XX-XX		环境温度	XX°C	
试验负责人	XXX		环境湿度	XX%	
试验人员	XXX		试验性质	预试	

1. 设备铭牌

	型　号	出厂序号	出厂日期	生产厂家
A	XXX	XXX	XXX	XXX
B	XXX	XXX	XXX	XXX
C	XXX	XXX	XXX	XXX
O	XXX	XXX	XXX	XXX

2. 绝缘电阻(MΩ)

	A	B	C	O
一次绕组对地	6000	6000	6000	6000
二次绕组间及对地	4000	4000	4000	4000
试验仪器	数字兆欧变MODEL3125			

3. 交流耐压试验

交流耐压 (kV/1min)	A	B	C	O
一次组对地	76	76	76	76
二次组间及对地	2	2	2	2
试验仪器	试验变压器TD-5kVA/100kV			
备注				
结论	合格			

缺陷内容	（1）绝缘不合格； （2）交流耐压未通过。
参考依据	《电力设备预防性试验规程》（DL/T 596—2021）第8.2.3条表18规定： 1. 绝缘电阻：一次绕组对二次绕组及地之间的绝缘电阻、二次绕组间及对地的绝缘电阻不宜小于1000MΩ。 2. 交流耐压：1）一次绕组按出厂值的80%进行，出厂值为95kV/1min；2）二次绕组之间及其对地的工频耐受电压为2kV。
建议整改措施	大修、小修或更换。

4.10	110kV 电压互感器

缺陷图片	标准图片

缺陷图片：

110kV电压互感器试验报告

站　名	110kVXXX变电站	运行编号	110kVXXX电压互感器
试验日期	XXXX-XX-XX	环境温度	XX℃
试验负责人	XXXX	环境湿度	XX%
试验人员	XXX	试验性质	预试

1. 铭牌参数

	A
型　号	XXX
铭牌电容量(pF)	XXX
出厂序号	XXX
出厂日期	XXX
生产厂家	XXX

2. 绝缘电阻(MΩ)

	主绝缘	末端绝缘	中间变一次	中间变二次
A	2000	800	700	700
试验仪器	数字兆欧表MODEL3125			

3. 电容量及介质损耗因数

		tgδ(%)	电容量(pF)	电容量初值(pF)	初值差(%)
A	C_1	1.168	14020	13000	7.85%
	C_2	1.196	53480	49500	8.04%
试验仪器		全自动抗干扰精密介损测量仪AI-6000E			
备注					
结论		不合格			

标准图片：

110kV电压互感器试验报告

站　名	110kVXXX变电站	运行编号	110kVXXX电压互感器
试验日期	XXXX-XX-XX	环境温度	XX℃
试验负责人	XXXX	环境湿度	XX%
试验人员	XXX	试验性质	预试

1. 铭牌参数

	A
型　号	XXX
铭牌电容量(pF)	XXX
出厂序号	XXX
出厂日期	XXX
生产厂家	XXX

2. 绝缘电阻(MΩ)

	主绝缘	末端绝缘	中间变一次	中间变二次
A	10000	3000	3000	2000
试验仪器	数字兆欧表MODEL3125			

3. 电容量及介质损耗因数

		tgδ(%)	电容量(pF)	电容量初值(pF)	初值差(%)
A	C_1	0.068	13020	13000	0.15%
	C_2	0.096	49480	49500	-0.04%
试验仪器		全自动抗干扰精密介损测量仪AI-6000E			
备注					
结论		合格			

缺陷内容	（1）分压器绝缘（主绝缘）不合格； （2）分压电容器电容低压端对地（末端绝缘）绝缘不合格； （3）中间变压器绝缘不合格； （4）分压器电容量及介质损耗因数不合格。
参考依据	《电力设备预防性试验规程》（DL/T 596—2021）第8.2.4条表19规定： 　1. 分压器绝缘电阻：不低于5000MΩ。 　2. 分压电容器电容低压端对地绝缘电阻：不低于1000MΩ。 　3. 分压器电容量及介质损耗因数：膜纸复合绝缘：不大于0.2%，电容量初始值差不超过±2%。 　4. 中间变压器绝缘电阻：大于1000MΩ。
建议整改措施	大修、小修或更换。

缺陷图片	标准图片

缺陷图片

10kV金属氧化物避雷器试验报告

站　名	110kVXXX变电站		运行编号	10kVXXX避雷器
试验日期	XXXX-XX-XX		环境温度	XX℃
试验负责人	XXX		环境湿度	XX%
试验人员	XXX		试验性质	预试

1. 设备铭牌

	型　号	出厂序号	出厂日期	生产厂家
A	XXX	XXX	XXX	XXX
B	XXX	XXX	XXX	XXX
C	XXX	XXX	XXX	XXX

2. 绝缘电阻

测量部位	A	B	C
主绝缘(MΩ)	100	100	100
底座绝缘(MΩ)	5	5	5
试验仪器	数字兆欧表MODEL3125		

3. 直流参考电压试验

测量部位	U_{1mA}(kV)	$I_{75\%U1mA}$(μA)	$175\%U1_{mA}$(μA)初值
A	21.5	84	10
B	21.1	85	11
C	21.3	80	10
试验仪器	直流高压试验器ZGSIII200/2		

备注	
结论	不合格

标准图片

10kV金属氧化物避雷器试验报告

站　名	110kVXXX变电站		运行编号	10kVXXX避雷器
试验日期	XXXX-XX-XX		环境温度	XX℃
试验负责人	XXX		环境湿度	XX%
试验人员	XXX		试验性质	预试

1. 设备铭牌

	型　号	出厂序号	出厂日期	生产厂家
A	XXX	XXX	XXX	XXX
B	XXX	XXX	XXX	XXX
C	XXX	XXX	XXX	XXX

2. 绝缘电阻

测量部位	A	B	C
主绝缘(MΩ)	5000	5000	5000
底座绝缘(MΩ)	500	500	500
试验仪器	数字兆欧表MODEL3125		

3. 直流参考电压试验

测量部位	U_{1mA}(kV)	$I_{75\%U1mA}$(μA)	$175\%U1_{mA}$(μA)初值
A	25.9	10	10
B	25.9	11	11
C	25.8	10	10
试验仪器	直流高压试验器ZGSIII200/2		

备注	
结论	合格

缺陷内容	（1）绝缘电阻不合格； （2）直流参考电压不合格。
参考依据	《电力设备预防性试验规程》（DL/T 596—2021）第16.1.1条表51规定： 　1.主绝缘电阻：≥1000MΩ，应符合产品技术条件规定。 　2.底座绝缘：≥100MΩ，应符合产品技术条件规定。 　3.直流参考电压：1）不得低于GB11032规定值；2）U_{1mA}实测值与初始值或产品技术文件要求值比较，变化不应大于±5%；3）$0.75U_{1mA}$下的泄漏电流初值差≤30%或≤50μA。
建议整改措施	大修、小修或更换。

4.12	35kV 避雷器

缺陷图片

35kV金属氧化物避雷器试验报告

站　名	110kV XXX变电站	运行编号	35kV XXX避雷器
试验日期	XXXX-XX-XX	环境温度	XX℃
试验负责人	XXX	环境湿度	XX%
试验人员	XXX	试验性质	预试

1. 设备铭牌

	型　号	出厂序号	出厂日期	生产厂家
A	XXX	XXX	XXX	XXX
B	XXX	XXX	XXX	XXX
C	XXX	XXX	XXX	XXX

2. 绝缘电阻

测量部位	A	B	C
主绝缘(MΩ)	100	100	100
底座绝缘(MΩ)	5	5	5
试验仪器	数字兆欧表MODEL3125		

3. 直流参考电压试验

测量部位	U_{1mA}(kV)	$I_{0.75U1mA}$(μA)	I75%U1mA(μA)初值
A	51.2	95	15
B	50.6	90	16
C	50.8	92	15
试验仪器	直流高压试验器ZGSIII200/2		

备注	
结论	不合格

标准图片

35kV金属氧化物避雷器试验报告

站　名	110kV XXX变电站	运行编号	35kV XXX避雷器
试验日期	XXXX-XX-XX	环境温度	XX℃
试验负责人	XXX	环境湿度	XX%
试验人员	XXX	试验性质	预试

1. 设备铭牌

	型　号	出厂序号	出厂日期	生产厂家
A	XXX	XXX	XXX	XXX
B	XXX	XXX	XXX	XXX
C	XXX	XXX	XXX	XXX

2. 绝缘电阻

测量部位	A	B	C
主绝缘(MΩ)	5000	5000	5000
底座绝缘(MΩ)	500	500	500
试验仪器	数字兆欧表MODEL3125		

3. 直流参考电压试验

测量部位	U_{1mA}(kV)	$I_{0.75U1mA}$(μA)	I75%U1mA(μA)初值
A	76.6	15	15
B	76.2	16	16
C	76.3	15	15
试验仪器	直流高压试验器ZGSIII200/2		

备注	
结论	合格

缺陷内容	（1）绝缘电阻不合格； （2）直流参考电压不合格。
参考依据	《电力设备预防性试验规程》（DL/T 596—2021）第16.1.1条表51规定： 1. 主绝缘电阻：≥2500MΩ，应符合产品技术条件规定。 2. 底座绝缘：≥100MΩ，应符合产品技术条件规定。 3. 直流参考电压：1）不得低于 GB11032 规定值；2）U_{1mA} 实测值与初始值或产品技术文件要求值比较，变化不应大于 ±5%；3）0.75U_{1mA} 下的泄漏电流初值差 ≤30% 或 ≤50μA。
建议整改措施	大修、小修或更换。

4.13	110kV 避雷器

缺陷图片	标准图片

缺陷图片：

110kV金属氧化物避雷器试验报告

站　名	110kVXXX变电站		运行编号	110kVXXX避雷器	
试验日期	XXXX-XX-XX		环境温度	XX℃	
试验负责人	XXX		环境湿度	XX%	
试验人员	XXX		试验性质	例行	

1. 铭牌参数

	型　号	出厂序号	出厂日期	生产厂家
A	XXX	XXX	XXX	XXX
B	XXX	XXX	XXX	XXX
C	XXX	XXX	XXX	XXX

2. 绝缘电阻

测量部位	A	B	C
主绝缘(MΩ)	100	100	100
底座绝缘(MΩ)	5	5	5
试验仪器	数字兆欧表MODEL3125		

3. 直流参考电压试验

测量部位	U_{1mA}(kV)	$I_{75\%U1mA}$(μA)	$I75\%U1_{mA}$(μA)初值
A	116.6	121	20
B	115.1	122	20
C	115.3	121	20
试验仪器	直流高压试验器ZGSⅢ-200/2		
备注			

结论	不合格

标准图片：

110kV金属氧化物避雷器试验报告

站　名	110kVXXX变电站		运行编号	110kVXXX避雷器	
试验日期	XXXX-XX-XX		环境温度	XX℃	
试验负责人	XXX		环境湿度	XX%	
试验人员	XXX		试验性质	例行	

1. 铭牌参数

	型　号	出厂序号	出厂日期	生产厂家
A	XXX	XXX	XXX	XXX
B	XXX	XXX	XXX	XXX
C	XXX	XXX	XXX	XXX

2. 绝缘电阻

测量部位	A	B	C
主绝缘(MΩ)	5000	5000	5000
底座绝缘(MΩ)	500	500	500
试验仪器	数字兆欧表MODEL3125		

3. 直流参考电压试验

测量部位	U_{1mA}(kV)	$I_{75\%U1mA}$(μA)	$I75\%U1_{mA}$(μA)初值
A	166.6	21	20
B	165.1	22	20
C	165.3	21	20
试验仪器	直流高压试验器ZGSⅢ-200/2		
备注			

结论	合格

缺陷内容	（1）绝缘电阻不合格； （2）直流参考电压不合格。
参考依据	《电力设备预防性试验规程》（DL/T596—2021）第16.1.1条表51规定： 　1. 主绝缘电阻：≥2500MΩ，应符合产品技术条件规定。 　2. 底座绝缘：≥100MΩ，应符合产品技术条件规定。 　3. 直流参考电压：1）不得低于 GB 11032 规定值；2）U_{1mA} 实测值与初始值或产品技术文件要求值比较，变化不应大于 ±5%；3）$0.75U_{1mA}$ 下的泄漏电流初值差 ≤30% 或 ≤50μA。
建议整改措施	大修、小修或更换。

4.14	10kV 隔离开关

缺陷图片

10kV隔离开关试验报告

站　名	110kV××××变电站	运行编号	10kV×××隔离开关
试验日期	××××-××-××	环境温度	××℃
试验负责人	×××	环境湿度	××%
试验人员	×××	试验性质	预试

1. 铭牌

型　号	×××	额定电压(kV)	10
出厂编号	×××	额定电流(A)	×××
出厂日期	×××	额定开断电流(kA)	×××
生产厂家	×××		

2. 绝缘电阻

测量部位	A	B	C
支持绝缘子	50	50	50
二次回路	1	1	1
试验仪器	数字兆欧表MODEL3125		

3. 回路电阻

测量部位	A	B	C
回路电阻(μΩ)	237	238	237
试验仪器	回路电阻测试仪5100		

4. 交流耐压

试验电压(kV/1min)	A	B	C
二次回路	1.6	1.6	1.6
试验仪器	试验变压器YDQ-5kVA/100kV		
备　注	回路电阻出厂试验值为40uΩ		
结　论	不合格		

标准图片

10kV隔离开关试验报告

站　名	110kV×××变电站	运行编号	10kV×××隔离开关
试验日期	××××-××-××	环境温度	××℃
试验负责人	×××	环境湿度	××%
试验人员	×××	试验性质	预试

1. 铭牌

型　号	×××	额定电压(kV)	10
出厂编号	×××	额定电流(A)	×××
出厂日期	×××	额定开断电流(kA)	×××
生产厂家	×××		

2. 绝缘电阻

测量部位	A	B	C
支持绝缘子	5000	5000	5000
二次回路	50	50	50
试验仪器	数字兆欧表MODEL3125		

3. 回路电阻

测量部位	A	B	C
回路电阻(μΩ)	37	38	37
试验仪器	回路电阻测试仪5100		

4. 交流耐压

试验电压(kV/1min)	A	B	C
二次回路	2	2	2
试验仪器	试验变压器YDQ-5kVA/100kV		
备　注	回路电阻出厂试验值为40uΩ		
结　论	合格		

缺陷内容	（1）绝缘电阻不合格； （2）导电回路电阻不合格； （3）交流耐压不合格。
参考依据	《电力设备预防性试验规程》（DL/T 596—2021）第9.9条表31规定： 1. 支持绝缘子绝缘电阻：≥ 300MΩ。 2. 二次回路绝缘电阻不低于2MΩ。 3. 二次回路交流耐压：试验电压为2kV。 4. 导电回路电阻：不大于1.1倍出厂试验值。
建议整改措施	大修、小修或更换。

4.15	35kV 隔离开关

缺陷图片

标准图片

35kV隔离开关试验报告

站　名	110kVXXX变电站		运行编号	35kVXXX隔离开关
试验日期	XXXX-XX-XX		环境温度	XX℃
试验负责人	XXX		环境湿度	XX%
试验人员	XXX		试验性质	预试
1. 铭牌				
型　号	XXX	额定电压(kV)		40.5
出厂编号	XXX	额定电流(A)		XXX
出厂日期	XXX	额定开断电流(kA)		XXX
生产厂家		XXX		
2. 绝缘电阻				
测量部位	A	B		C
支持绝缘子	50	50		50
二次回路	1	1		1
试验仪器	数字兆欧表MODEL3125			
3. 回路电阻				
测量部位	A	B		C
回路电阻(μΩ)	337	338		337
试验仪器	回路电阻测试仪5100			
4. 交流耐压				
试验电压(kV/1min)	A	B		C
	1.6	1.6		1.6
二次回路				
试验仪器	试验变压器YDQ-5kVA/100kV			
备　注	回路电阻出厂试验值为40uΩ			
结　论	不合格			

35kV隔离开关试验报告

站　名	110kVXXX变电站		运行编号	35kVXXX隔离开关
试验日期	XXXX-XX-XX		环境温度	XX℃
试验负责人	XXX		环境湿度	XX%
试验人员	XXX		试验性质	预试
1. 铭牌				
型　号	XXX	额定电压(kV)		40.5
出厂编号	XXX	额定电流(A)		XXX
出厂日期	XXX	额定开断电流(kA)		XXX
生产厂家		XXX		
2. 绝缘电阻				
测量部位	A	B		C
支持绝缘子	5000	5000		5000
二次回路	50	50		50
试验仪器	数字兆欧表MODEL3125			
3. 回路电阻				
测量部位	A	B		C
回路电阻(μΩ)	37	38		37
试验仪器	回路电阻测试仪5100			
4. 交流耐压				
试验电压(kV/1min)	A	B		C
	2	2		2
二次回路				
试验仪器	试验变压器YDQ-5kVA/100kV			
备　注	回路电阻出厂试验值为40uΩ			
结　论	合格			

缺陷内容	（1）绝缘电阻不合格； （2）导电回路电阻不合格； （3）交流耐压不合格。
参考依据	《电力设备预防性试验规程》（DL/T 596—2021）第9.9条表31规定： 1. 支持绝缘子绝缘电阻：≥ 1000MΩ。 2. 二次回路绝缘电阻不低于 2MΩ。 3. 二次回路交流耐压：试验电压为 2kV。 4. 导电回路电阻：不大于 1.1 倍出厂试验值。
建议整改措施	大修、小修或更换。

4.16	110kV 隔离开关

缺陷图片	标准图片

110kV隔离开关试验报告 （缺陷图片）

站　名	110kVXXX变电站	运行编号	110kVXXX隔离开关
试验日期	XXXX-XX-XX	环境温度	XX℃
试验负责人	XXX	环境湿度	XX%
试验人员	XXX	试验性质	预试

1. 铭牌

型　号	XXX	额定电压(kV)	126
出厂编号	XXX	额定电流(A)	XXX
出厂日期	XXX	额定开断电流(kA)	XXX
生产厂家		XXX	

2. 绝缘电阻

测量部位	A	B	C
二次回路	1	1	1
试验仪器	数字兆欧表MODEL3125		

3. 回路电阻

测量部位	A	B	C
回路电阻(μΩ)	317	318	317
试验仪器	回路电阻测试仪5100		

4. 交流耐压

试验电压(kV/1min)	A	B	C
二次回路	1.6	1.6	1.6
试验仪器	试验变压器YDQ-5kVA/100kV		
备　注	回路电阻出厂试验值为40uΩ		
结　论	不合格		

110kV隔离开关试验报告 （标准图片）

站　名	110kVXXX变电站	运行编号	110kVXXX隔离开关
试验日期	XXXX-XX-XX	环境温度	XX℃
试验负责人	XXX	环境湿度	XX%
试验人员	XXX	试验性质	预试

1. 铭牌

型　号	XXX	额定电压(kV)	126
出厂编号	XXX	额定电流(A)	XXX
出厂日期	XXX	额定开断电流(kA)	XXX
生产厂家		XXX	

2. 绝缘电阻

测量部位	A	B	C
二次回路	50	50	50
试验仪器	数字兆欧表MODEL3125		

3. 回路电阻

测量部位	A	B	C
回路电阻(μΩ)	37	38	37
试验仪器	回路电阻测试仪5100		

4. 交流耐压

试验电压(kV/1min)	A	B	C
二次回路	2	2	2
试验仪器	试验变压器YDQ-5kVA/100kV		
备　注	回路电阻出厂试验值为40uΩ		
结　论	合格		

缺陷内容	（1）绝缘电阻不合格； （2）导电回路电阻不合格； （3）交流耐压不合格。
参考依据	《电力设备预防性试验规程》（DL/T 596—2021）第9.9条表31规定： 1. 二次回路绝缘电阻不低于 2MΩ。 2. 二次回路交流耐压：试验电压为 2kV。 3. 导电回路电阻：不大于 1.1 倍出厂试验值。
建议整改措施	大修、小修或更换。

| 缺陷图片 | 标准图片 |

缺陷图片：

10kV母线试验报告

站　名	110kVXXX变电站	运行编号	10kVXXX母线
试验日期	XXXX-XX-XX	环境温度	XX℃
试验负责人	XXX	环境湿度	XX%
试验人员	XXX	试验性质	预试

1. 铭牌

型　号	XXX	额定电压(kV)	10
生产日期	XXX	编号	XXX
生产厂家		XXX	

2. 绝缘电阻

测量部位	A	B	C
母线及支柱绝缘子	2	2	2
试验仪器	数字兆欧表MODEL3125		

3. 交流耐压

试验电压（kV/1min）	A	B	C
母线及支柱绝缘子	25	25	25
试验仪器	试验变压器YDQ-5kVA/100kV		
备　注			
结　论	不合格		

标准图片：

10kV母线试验报告

站　名	110kVXXX变电站	运行编号	10kVXXX母线
试验日期	XXXX-XX-XX	环境温度	XX℃
试验负责人	XXX	环境湿度	XX%
试验人员	XXX	试验性质	预试

1. 铭牌

型　号	XXX	额定电压(kV)	10
生产日期	XXX	编号	XXX
生产厂家		XXX	

2. 绝缘电阻

测量部位	A	B	C
母线及支柱绝缘子	1000	1000	1000
试验仪器	数字兆欧表MODEL3125		

3. 交流耐压

试验电压（kV/1min）	A	B	C
母线及支柱绝缘子	33.6	33.6	33.6
试验仪器	试验变压器YDQ-5kVA/100kV		
备　注			
结　论	合格		

缺陷内容	（1）绝缘电阻不合格； （2）交流耐压不合格。
参考依据	《电力设备预防性试验规程》（DL/T 596—2021）第17.2 条表 56 规定： 　1. 绝缘电阻：≥ 1MΩ/kV。 　2. 交流耐压：额定电压在 1kV 以上时，试验电压为出厂试验电压的 80%，出厂试验电压为 42kV/1min。
建议整改措施	大修、小修或更换。

4.18	35kV 母线

缺陷图片	标准图片

缺陷图片：

35kV母线试验报告

站　名	110kVXXX变电站	运行编号	35kVXXX母线
试验日期	XXXX-XX-XX	环境温度	XX℃
试验负责人	XXX	环境湿度	XX%
试验人员	XXX	试验性质	预试

1. 铭牌

型　号	XXX	额定电压(kV)	40.5
生产日期	XXX	编　号	XXX
生产厂家			XXX

2. 绝缘电阻

测量部位	A	B	C
母线及支柱绝缘子	3	3	3
试验仪器	数字兆欧表MODEL3125		

3. 交流耐压

试验电压(kV/1min)	A	B	C
母线及支柱绝缘子	50	50	50
试验仪器	试验变压器YDQ-5kVA/100kV		
备　注			
结　论	不合格		

标准图片：

35kV母线试验报告

站　名	110kVXXX变电站	运行编号	35kVXXX母线
试验日期	XXXX-XX-XX	环境温度	XX℃
试验负责人	XXX	环境湿度	XX%
试验人员	XXX	试验性质	预试

1. 铭牌

型　号	XXX	额定电压(kV)	40.5
生产日期	XXX	编　号	XXX
生产厂家			XXX

2. 绝缘电阻

测量部位	A	B	C
母线及支柱绝缘子	1500	1500	1500
试验仪器	数字兆欧表MODEL3125		

3. 交流耐压

试验电压(kV/1min)	A	B	C
母线及支柱绝缘子	76	76	76
试验仪器	试验变压器YDQ-5kVA/100kV		
备　注			
结　论	合格		

缺陷内容	（1）绝缘电阻不合格； （2）交流耐压不合格。
参考依据	《电力设备预防性试验规程》（DL/T 596—2021）第17.2 条表 56 规定： 　1. 绝缘电阻：≥1MΩ/kV。 　2. 交流耐压：额定电压在 1kV 以上时，试验电压为出厂试验电压的 80%，出厂试验电压为 95kV/1min。
建议整改措施	大修、小修或更换。

4.19	10kV 橡塑电缆

缺陷图片	标准图片

10kV橡塑电缆试验报告

站　名	110kVXXX变电站	运行编号	10kVXXX橡塑电缆
试验日期	XXXX-XX-XX	环境温度	XX°C
试验负责人	XXX	环境湿度	XX%
试验人员	XXX	试验性质	预试

1. 设备铭牌

型　号	XXX
生产厂家	XXX
投运日期	XXX
长度（m）	XXX

2. 绝缘电阻（MΩ）

	A	B	C
主绝缘（MΩ）	40	40	40
外护套（MΩ/1km）	0.1	0.1	0.1
试验仪器	数字兆欧表MODEL3125		
备注			
结论	不合格		

10kV橡塑电缆试验报告

站　名	110kVXXX变电站	运行编号	10kVXXX橡塑电缆
试验日期	XXXX-XX-XX	环境温度	XX°C
试验负责人	XXX	环境湿度	XX%
试验人员	XXX	试验性质	预试

1. 设备铭牌

型　号	XXX
生产厂家	XXX
投运日期	XXX
长度（m）	XXX

2. 绝缘电阻（MΩ）

	A	B	C
主绝缘（MΩ）	3000	3000	3000
外护套（MΩ/1km）	2	2	2
试验仪器	数字兆欧表MODEL3125		
备注			
结论	合格		

缺陷内容	绝缘电阻不合格。
参考依据	《电力设备预防性试验规程》（DL/T 596—2021）第 13.4.1 条表 42 规定： 1. 主绝缘绝缘电阻：一般不小于 1000MΩ。 2. 电缆外护套绝缘电阻：≥ 0.5MΩ/km。
建议整改措施	大修、小修或更换。

4.20	35kV 橡塑电缆

缺陷图片	标准图片

35kV橡塑电缆试验报告

站　名	110kVXXX变电站	运行编号	35kVXXX橡塑电缆
试验日期	XXXX-XX-XX	环境温度	XX℃
试验负责人	XXX	环境湿度	XX%
试验人员	XXX	试验性质	预试

1. 设备铭牌

型　号	XXX
生产厂家	XXX
投运日期	XXX
长度（m）	XXX

2. 绝缘电阻（MΩ）

	A	B	C
主绝缘（MΩ）	55	55	55
外护套（MΩ/1km）	0.2	0.2	0.2
试验仪器	数字兆欧表MODEL3125		
备注			
结论	不合格		

35kV橡塑电缆试验报告

站　名	110kVXXX变电站	运行编号	35kVXXX橡塑电缆
试验日期	XXXX-XX-XX	环境温度	XX℃
试验负责人	XXX	环境湿度	XX%
试验人员	XXX	试验性质	预试

1. 设备铭牌

型　号	XXX
生产厂家	XXX
投运日期	XXX
长度（m）	XXX

2. 绝缘电阻（MΩ）

	A	B	C
主绝缘（MΩ）	5000	5000	5000
外护套（MΩ/1km）	2	2	2
试验仪器	数字兆欧表MODEL3125		
备注			
结论	合格		

缺陷内容	绝缘电阻不合格。
参考依据	《电力设备预防性试验规程》（DL/T 596—2021）第 13.4.1 条表 42 规定： 1. 主绝缘绝缘电阻：一般不小于 1000MΩ。 2. 电缆外护套绝缘电阻：≥ 0.5MΩ/km。
建议整改措施	大修、小修或更换。

缺陷图片	标准图片

110kV橡塑电缆试验报告

站　名	110kVXXX变电站	运行编号	110kVXXX橡塑电缆
试验日期	XXXX-XX-XX	环境温度	XX°C
试验负责人	XXX	环境湿度	XX%
试验人员	XXX	试验性质	预试

1. 设备铭牌

型　号	XXX
生产厂家	XXX
投运日期	XXX
长度（m）	XXX

2. 绝缘电阻(MΩ)

	A	B	C
主绝缘(MΩ)	100	100	100
试验仪器	数字兆欧表MODEL3125		
备注	绝缘电阻出厂值为10000MΩ		
结论	不合格		

110kV橡塑电缆试验报告

站　名	110kVXXX变电站	运行编号	110kVXXX橡塑电缆
试验日期	XXXX-XX-XX	环境温度	XX°C
试验负责人	XXX	环境湿度	XX%
试验人员	XXX	试验性质	预试

1. 设备铭牌

型　号	XXX
生产厂家	XXX
投运日期	XXX
长度（m）	XXX

2. 绝缘电阻(MΩ)

	A	B	C
主绝缘(MΩ)	10000	10000	10000
试验仪器	数字兆欧表MODEL3125		
备注	绝缘电阻出厂值为10000MΩ		
结论	合格		

缺陷内容	绝缘电阻不合格。
参考依据	《电力设备预防性试验规程》（DL/T 596—2021）第13.4.2 条表 43 规定：主绝缘绝缘电阻：与上次比无显著变化。
建议整改措施	大修、小修或更换。

4.22	10kV 并联电容器

缺陷图片	标准图片

缺陷图片：

10kV并联电容器试验报告

站　名	110kVXXX变电站	运行编号	10kVXXXX并联电容器
试验日期	XXXX-XX-XX	环境温度	XX℃
试验负责人	XXX	环境湿度	XX%
试验人员	XXX	试验性质	预试

1. 设备铭牌

型　号	XXX	额定电压(kV)	XXX
出厂序号	XXX	额定容量(kVar)	XXX
出厂日期	XXX	生产厂家	XXX

2. 绝缘电阻(MΩ)

	A	B	C
极对壳	200	200	200
试验仪器	数字兆欧表MODEL3125		

3. 电容量(μF)

	A	B	C
实测电容量	94.8	95.2	94.6
电容量初值	65.1	65.2	65.1
初值差（%）	45.62%	46.01%	45.31%
试验仪器	电容电感测试仪		

备注	
结论	不合格

标准图片：

10kV并联电容器试验报告

站　名	110kVXXX变电站	运行编号	10kVXXXX并联电容器
试验日期	XXXX-XX-XX	环境温度	XX℃
试验负责人	XXX	环境湿度	XX%
试验人员	XXX	试验性质	预试

1. 设备铭牌

型　号	XXX	额定电压(kV)	XXX
出厂序号	XXX	额定容量(kVar)	XXX
出厂日期	XXX	生产厂家	XXX

2. 绝缘电阻(MΩ)

	A	B	C
极对壳	5000	5000	5000
试验仪器	数字兆欧表MODEL3125		

3. 电容量(μF)

	A	B	C
实测电容量	65.1	65.2	65.1
电容量初值	65.1	65.2	65.1
初值差（%）	0	0	0
试验仪器	电容电感测试仪		

备注	
结论	合格

缺陷内容	（1）绝缘电阻不合格。 （2）电容量不合格。
参考依据	《电力设备预防性试验规程》（DL/T 596—2021）第14.1.1条表45规定： 　1. 极对壳绝缘电阻：≥ 2000MΩ。 　2. 实测电容量：1）电容值不低于出厂值的95%；2）电容值偏差不超过额定值的 -5%~+5%。
建议整改措施	大修、小修或更换。

4.23	10kV 放电线圈

缺陷图片	标准图片

缺陷图片

10kV放电线圈试验报告

站　名	110kVXXX变电站	运行编号	10kVXXX放电线圈
试验日期	XXXX-XX-XX	环境温度	XX℃
试验负责人	XXX	环境湿度	XX%
试验人员	XXX	试验性质	预试

1. 设备铭牌

	型　号	出厂序号	出厂日期	生产厂家
A	XXX	XXX	XXX	XXX
B	XXX	XXX	XXX	XXX
C	XXX	XXX	XXX	XXX

2. 绝缘电阻(MΩ)

	A	B	C
一次绕组	50	50	50
试验仪器	数字兆欧表MODEL3125		
备注			
结论	不合格		

标准图片

10kV放电线圈试验报告

站　名	110kVXXX变电站	运行编号	10kVXXX放电线圈
试验日期	XXXX-XX-XX	环境温度	XX℃
试验负责人	XXX	环境湿度	XX%
试验人员	XXX	试验性质	预试

1. 设备铭牌

	型　号	出厂序号	出厂日期	生产厂家
A	XXX	XXX	XXX	XXX
B	XXX	XXX	XXX	XXX
C	XXX	XXX	XXX	XXX

2. 绝缘电阻(MΩ)

	A	B	C
一次绕组	5000	5000	5000
试验仪器	数字兆欧表MODEL3125		
备注			
结论	合格		

缺陷内容	绝缘电阻不合格。
参考依据	《电力设备预防性试验规程》（DL/T 596—2021）第21.6 条表 62 规定：绝缘电阻：不低于 1000MΩ。
建议整改措施	大修、小修或更换。

4.24	10kV 电抗器

缺陷图片	标准图片

缺陷图片

10kV电抗器试验报告

站　名	110kVXXX变电站	运行编号	10kVXXX电抗器
试验日期	XXXX-XX-XX	环境温度	XX°C
试验负责人	XXX	环境湿度	XX%
试验人员	XXX	试验性质	预试

1. 设备铭牌

型　号	XXX	额定电压(kV)	XXX
出厂序号	XXX	额定电流(A)	XXX
出厂日期	XXX	生产厂家	XXX

2. 直流电阻(mΩ)

	A	B	C
直流电阻	6.506	9.504	6.505
直流电阻初值	5.506	5.504	5.505
试验仪器	直流电阻测试仪HDBZ-3		
备注			
结论	不合格		

标准图片

10kV电抗器试验报告

站　名	110kVXXX变电站	运行编号	10kVXXX电抗器
试验日期	XXXX-XX-XX	环境温度	XX°C
试验负责人	XXX	环境湿度	XX%
试验人员	XXX	试验性质	预试

1. 设备铭牌

型　号	XXX	额定电压(kV)	XXX
出厂序号	XXX	额定电流(A)	XXX
出厂日期	XXX	生产厂家	XXX

2. 直流电阻(mΩ)

	A	B	C
直流电阻	5.507	5.503	5.508
直流电阻初值	5.506	5.504	5.505
试验仪器	直流电阻测试仪HDBZ-3		
备注			
结论	合格		

缺陷内容	绕组直流电阻不合格。
参考依据	《电力设备预防性试验规程》（DL/T 596—2021）第21.5条表61规定：直流电阻：1）三相绕组间的差别不应大于三相平均值的4%；2）与上次测量值相差不大于2%。
建议整改措施	大修、小修或更换。

4.25	变压器

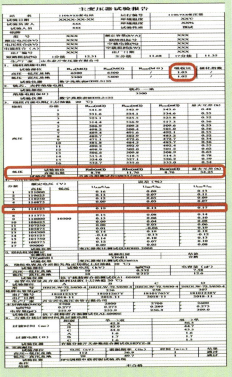

缺陷图片

标准图片

缺陷内容

（1）绕组绝缘电阻不合格；

（2）低压侧直流电阻不合格；

（3）7档变比试验不合格。

第 4 章

试验部分

参考依据	《电力设备预防性试验规程》（DL/T 596—2021）第6.1条表5规定： 1.绕组直流电阻：1600kVA以上变压器，各相绕组电阻相互间的差别不应大于三相平均水平的2%；无中性点引出的绕组，线间差别不应大于三相平均值的1%。 2.绕组连同套管的绝缘电阻、吸收比：1）与前一次测试结果相比应无明显变化，不宜低于上次值的70%或不低于10000MΩ。2）电压等级为35kV及以上且容量在4000kVA及以上时，吸收比与产品出厂值比较无明显差别，吸收比不低于1.3。 3.绕组所有分接的变压比：额定分接电压比允许偏差为±0.5%，其他分接的电压比偏差不得超过±1%。
建议整改措施	大修、小修或更换。

4.26	绝缘油

缺陷图片

绝缘油油质分析报告

站　名	110kV×××变电站	运行编号	110kV×××主变
采样日期	XXXX-XX-XX	分析日期	XXXX-XX-XX
环境温度℃	XX	环境湿度%	XX
分析人员	XXX	审　核	XXX
设备型号	XXX	天气	XXX
油温	XXX	试验性质	预试

1. 简化试验

项目	分析数据	分析仪器
视觉检查	透明、无杂质或悬浮物	/
水溶性酸PH	3.5	无
闪点℃	130	自动闭口闪点测试仪器BSY-03
酸值，mgKOH/g	0.16	绝缘油酸值自动测试仪器BSC-2
击穿电压，KV	25	全自动油介电强度测试仪6803A
水分，mg/L	65	库伦微量水份测定仪HS105
介质损耗因数，(90℃)	0.12	全自动绝缘油介损测试仪JDC-2

2. 气相色谱

氢气(μL/L)	4
一氧化碳(μL/L)	17
二氧化碳(μL/L)	202
甲烷(μL/L)	0.66
乙烯(μL/L)	0
乙烷(μL/L)	0
乙炔(μL/L)	20
总烃(μL/L)	20.66
分析仪器	气相色谱仪中分2000
备注	
结论	不合格

标准图片

绝缘油油质分析报告

站　名	110kV×××变电站	运行编号	110kV×××主变
采样日期	XXXX-XX-XX	分析日期	XXXX-XX-XX
环境温度℃	XX	环境湿度%	XX
分析人员	XXX	审　核	XXX
设备型号	XXX	天气	XXX
油温	XXX	试验性质	预试

1. 简化试验

项目	分析数据	分析仪器
视觉检查	透明、无杂质或悬浮物	/
水溶性酸PH	5.5	无
闪点℃	140	自动闭口闪点测试仪器BSY-03
酸值，mgKOH/g	0.02	绝缘油酸值自动测试仪器BSC-2
击穿电压，KV	50	全自动油介电强度测试仪6803A
水分，mg/L	15	库伦微量水份测定仪HS105
介质损耗因数，(90℃)	0.005	全自动绝缘油介损测试仪JDC-2

2. 气相色谱

氢气(μL/L)	4
一氧化碳(μL/L)	17
二氧化碳(μL/L)	202
甲烷(μL/L)	0.66
乙烯(μL/L)	0
乙烷(μL/L)	0
乙炔(μL/L)	0
总烃(μL/L)	0.66
分析仪器	气相色谱仪中分2000
备注	
结论	合格

缺陷内容

（1）酸值不合格；

（2）击穿电压不合格；

（3）水溶酸值不合格；

（4）闪点不合格；

（5）介损不合格；

（6）色谱不合格；

（7）水分不合格。

参考依据	详见《电力设备预防性试验规程》（DL/T 596—2021）第 15.1.6 条表 48 规定："1. 水溶酸值：≥ 4.2。2. 酸值：≤ 0.1mg/g。3. 闪点（闭口）：≥ 135℃。4. 水分：≤ 35mg/L。5. 介损：≤ 0.04。6. 击穿电压：110kV ≥ 40kV 及第 6.1 条表 5 规定："油中溶解气体分析：乙炔：≤ 5。"
建议整改措施	滤油或换油。

缺陷图片	标准图片

缺陷图片

接地电阻及防雷接地试验报告

委托单位	110kV×××变电站		
试验日期	×××	环境温度	×××℃
试验性质	预试	环境湿度	×××%
试验负责人	×××	试验人员	×××
试验单位	×××		

1. 接地电阻测量及引下线检查

测量位置	测量值(Ω)	接地引下线检查
#1独立避雷针	15.1835	完好，无锈蚀
#2独立避雷针	11.7385	完好，无锈蚀
#1构架避雷针	0.2276	完好，无锈蚀
#2构架避雷针	0.2256	完好，无锈蚀
#1主变主网	0.8270	完好，无锈蚀
#2主变主网	0.8265	完好，无锈蚀
#1PB接地A相	0.2418	完好，无锈蚀
#1PB接地B相	0.2429	完好，无锈蚀
#1PB接地C相	0.2413	完好，无锈蚀
#2PB接地A相	0.2424	完好，无锈蚀
#2PB接地B相	0.2396	完好，无锈蚀
#2PB接地C相	0.2405	完好，无锈蚀
备注		
结论	不合格	

标准图片

接地电阻及防雷接地试验报告

委托单位	110kV×××变电站		
试验日期	×××	环境温度	×××℃
试验性质	预试	环境湿度	×××%
试验负责人	×××	试验人员	×××
试验单位	×××		

1. 接地电阻测量及引下线检查

测量位置	测量值(Ω)	接地引下线检查
#1独立避雷针	2.1835	完好，无锈蚀
#2独立避雷针	1.7385	完好，无锈蚀
#1构架避雷针	0.2276	完好，无锈蚀
#2构架避雷针	0.2256	完好，无锈蚀
#1主变主网	0.2270	完好，无锈蚀
#2主变主网	0.2265	完好，无锈蚀
#1PB接地A相	0.2418	完好，无锈蚀
#1PB接地B相	0.2429	完好，无锈蚀
#1PB接地C相	0.2413	完好，无锈蚀
#2PB接地A相	0.2424	完好，无锈蚀
#2PB接地B相	0.2396	完好，无锈蚀
#2PB接地C相	0.2405	完好，无锈蚀
备注		
结论	合格	

缺陷内容	（1）独立避雷针接地不合格； （2）主接地网不合格。
参考依据	《电力设备预防性试验规程》（DL/T 596—2021）第20条表59规定： 1. 110kV变电站≤0.5Ω。 2. 独立避雷针≤10Ω。
建议整改措施	采取技术处理，重新铺设接地网。

4.28	SF₆ 气体分析

缺陷图片

SF₆ 分析报告

站 名	110kVXXX变电站	运行编号	110kVXXX回路
分析日期	XXXX-XX-XX	设备型号	XXX
环境温度℃	XX	环境湿度%	XX
分析人员	XXX	审 核	XXX
试验性质	预试	天气	XXX

1. 气体湿度（μL/L）

气室	气体湿度	压力值（Mpa）	检测仪检测	分析结论
#101断路器	600	0.52	不漏	不合格
#1011刀闸	600	0.52	不漏	不合格
#1012刀闸	600	0.52	不漏	不合格
#1016刀闸	600	0.52	不漏	不合格
分析仪器		SF₆气体湿度分析仪，SF₆检漏仪		
备注				
结论		不合格		

标准图片

SF₆ 分析报告

站 名	110kVXXX变电站	运行编号	110kVXXX回路
分析日期	XXXX-XX-XX	设备型号	XXX
环境温度℃	XX	环境湿度%	XX
分析人员	XXX	审 核	XXX
试验性质	预试	天气	XXX

1. 气体湿度（μL/L）

气室	气体湿度	压力值（Mpa）	检测仪检测	分析结论
#101断路器	102	0.52	不漏	合格
#1011刀闸	102	0.52	不漏	合格
#1012刀闸	102	0.52	不漏	合格
#1016刀闸	102	0.52	不漏	合格
分析仪器		SF₆气体湿度分析仪，SF₆检漏仪		
备注				
结论		合格		

缺陷内容	气体湿度超标。
参考依据	《电力设备预防性试验规程》（DL/T 596—2021）第15.3.1条表50规定：气体湿度：灭弧室 ≤ 300ppm；非灭弧室 ≤ 500ppm。
建议整改措施	更换气体或除湿处理。

第 5 章

消防部分

5.1	运行通道
缺陷图片	标准图片

缺陷内容	消防通道、疏散通道堆放杂物，不畅通。
参考依据	（1）疏散通道、安全出口应保持畅通，并设置符合规定的消防安全疏散指示标志和应急照明设施。 （2）保持防火门、防火卷帘、消防安全疏散指示标志、应急照明、机械排烟送风、火灾事故广播等设施处于正常状态。
建议整改措施	对消防通道、疏散通道开展定期检查、清理，严禁堆放杂物、停放车辆等。

5.2	易燃易爆物品存放

缺陷图片	标准图片

缺陷内容	设备室内、电气设备周围存放易燃易爆物资。
参考依据	（1）生产现场严禁存放易燃易爆物品。 （2）禁止存放超过规定容量的油类。
建议整改措施	（1）定期检查变电站、配电房物品堆放情况，及时清理。 （2）遇变电站、配电房开展检修或其他工作时，必须使用的易燃易爆物品，严格控制进入容量不超过规定。

第 6 章

二次部分

6.1	蓄电池

缺陷图片	标准图片

缺陷内容	蓄电池外壳脏污。
参考依据	《电气装置安装工程蓄电池施工及验收规范》（GB 50172—2012）第 6.0.1 条规定：蓄电池组的每个蓄电池的顺序编号应正确，外壳应清洁，液面应正常。
建议整改措施	检查整组蓄电池，清理蓄电池外壳。

6.1	蓄电池

缺陷图片	标准图片

缺陷内容	蓄电池之间间距不符合要求。
参考依据	蓄电池之间间距建议在 15mm 以上。 《电气装置安装工程蓄电池施工及验收规范》（GB 50172－2012）第 4.1.3 条规定：蓄电池安装应平稳，间距应均匀，单体蓄电池之间的间距不应小于 5mm。
建议整改措施	调整蓄电池之间间距，使其符合规范要求。

6.1	蓄电池

缺陷图片	标准图片
	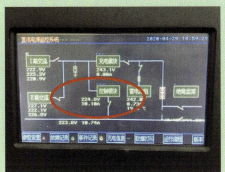

缺陷内容	监控装置不能正常显示合母电压、控母电压。
参考依据	监控装置应能正常显示合母电压、控母电压。 详见《电力用直流电源和一体化电源监控装置》（DL/T 856—2018）附录 A 第 A.3.3.2.8 条中表 A.10 规定。
建议整改措施	（1）检查实际母线电压是否正常。检查测量回路所有设备是否正常工作。 （2）检查不能正常显示的原因，更换监控装置。

6.1	蓄电池

缺陷图片	标准图片
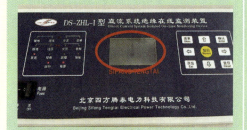	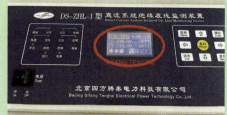

缺陷内容	绝缘监察单元工作不正常，不能自我诊断内部的电路故障和不正常的运行状态。
参考依据	绝缘监察单元工作应正常，能自我诊断内部的电路故障和不正常的运行状态并发出声光报警。 详见《电力系统用蓄电池直流电源装置运行与维护技术规程》（DL/T 724—2021）第 5.3.11 条规定。
建议整改措施	检查绝缘监测装置电源板是否损坏，更换电源插件。

6.2	保护
缺陷图片	标准图片

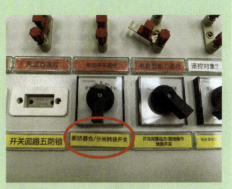

缺陷内容	保护屏的切换把手标志不齐全。
参考依据	保护屏的标志牌应正确对应，保护屏内装置、空开的标示应清晰。保护压板、切换把手标示齐全、清晰。 参见《电气装置安装规程盘、柜及二次回路接线施工及验收规范》（GB 50171—2012）第 6.0.1 条规定。
建议整改措施	对标志牌进行整改，更换为正确的标示牌，并确保标示牌齐全、清晰。

6.2	保护

缺陷图片	标准图片
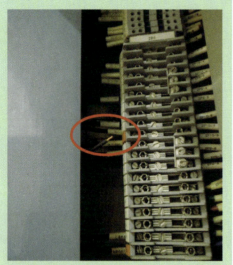	

缺陷内容	保护屏内有裸露线头及接线松动现象。
参考依据	《继电保护和安全自动装置技术规程》（GB／T 14285—2023）第 8.5.1.6 条规定：在有振动的地方，应采取防止导线接头松脱和继电器、装置误动作的措施。
建议整改措施	（1）对裸露线头使用绝缘胶布进行包裹。 （2）对端子排的接线进行紧固措施。

6.2	保护

缺陷图片	标准图片

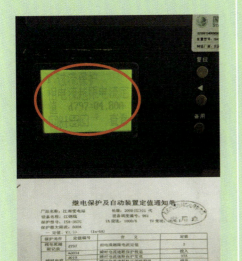

缺陷内容	保护定值与装置运行定值不一致。
参考依据	《继电保护和安全自动装置运行管理规程》（DL/T 587—2016）第 11.4.6 条规定：定值变更后，由现场运行人员、监控人员和调度人员按调度运行规程的相关规定核对无误后方可投入运行。
建议整改措施	对保护定值重新认真核对，确保保护定值与装置运行定值一致。

第6章 二次部分

215

6.2	保护

缺陷图片	标准图片
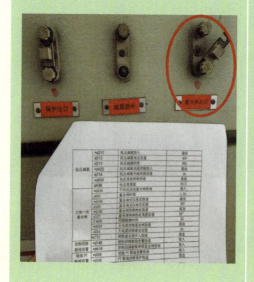	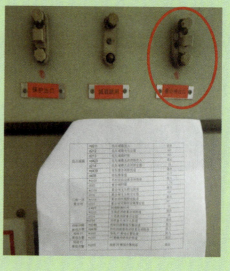

缺陷内容	保护出口连接片投退错误。
参考依据	《继电保护和安全自动装置运行管理规程》（DL/T 587—2016）第 4.6.2 条规定：运行值班人员负责与调度、监控人员核对保护的定值通知单，进行保护装置的投入、停用等操作。
建议整改措施	对保护硬连接片进行核对，确保保护出口连接片投退情况与定值单一致。

6.2	保护

缺陷图片	标准图片
	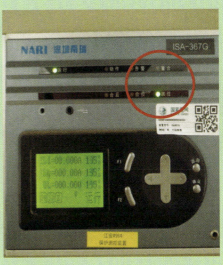

缺陷内容	保护、自动化装置有异常及告警信号发出。
参考依据	《继电保护和安全自动装置运行管理规程》（DL/T 587—2016）第5.9条规定：保护装置出现异常时，运维值班人员应根据该装置现场运行规程进行处理，并立即向主管调度汇报，及时通知继电保护人员。
建议整改措施	（1）对装置进行巡视，确保无异常及告警信号发出。 （2）发现有异常及告警信号发出时，及时采取相应措施处置。

6.2	保护

缺陷图片	标准图片

缺陷内容	开关位置指示灯损坏。
参考依据	保护装置开关位置指示应与实际一致。 详见《高压交流隔离开关和接地开关》（DL/T 486—2010）第5.104.3条规定。
建议整改措施	对开关位置指示与实际不一致的回路进行清理，查明不一致的故障原因，及时消除缺陷。

6.2	保护
缺陷图片	标准图片

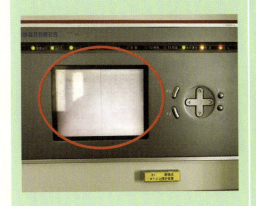 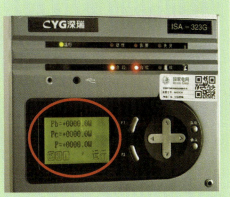

缺陷内容	各指示灯、液晶显示不正常，不清晰。
参考依据	《继电保护和安全自动装置运行管理规程》(DL/T 587—2016)第5.3条规定：在一次设备送电前，应检查保护装置处于正常运行状态。
建议整改措施	对指示灯、液晶显示不正常，不清晰的装置进行更换显示屏或内部插件，确保装置指示、显示正常、清晰。